U0343293

婴幼儿营养食谱

冯琳 编

廣東省出版集團
广东科技出版社
·广州·

图书在版编目（CIP）数据

婴幼儿营养食谱／冯琳编．— 广州：广东科技出版社，2013.5
ISBN 978-7-5359-5821-1

Ⅰ．①婴… Ⅱ．①冯… Ⅲ．①婴幼儿 — 保健 — 食谱 Ⅳ．①TS972.162

中国版本图书馆CIP数据核字（2013）第029681号

责任编辑：邓　彦
特约编辑：梁俏茹
装帧设计：苏　婷
插图摄影：广州天地图书有限公司
责任校对：陈素华
责任印刷：罗华之
出版发行：广东科技出版社
（广州市环市东水荫路11号　邮政编码：510075）
经　　销：各地新华书店
排　　版：苏　婷
印　　刷：广州嘉正印刷包装有限公司
（广州市番禺区大龙街大龙村工业区新凌路边C号　邮政编码：511450）
规　　格：787 mm × 1 092 mm　1/16　印张19.5　字数106千
版　　次：2013年5月第1版
2013年5月第1次印刷
定　　价：46.00元

前言

好妈妈胜过营养师

在门诊中，带宝宝来看病的父母们络绎不绝。宝宝或是发烧，或是食物过敏，或是腹泻。至于上火、便秘、奶癣、食积这些问题，更是不可尽数。实际上，其中有一些疾病是因大人护理或喂养不当而导致的。

曾经有这样一个病例，有位妈妈看到书上说断奶之后每天需要保证600毫升的奶量，于是硬是要刚刚断奶的宝宝喝几大瓶奶。可怜宝宝第二天就全身起红疹，连眼皮都肿了起来。家长急得如热锅蚂蚁，赶忙抱来看医生。问明原由后，我建议她给宝宝停奶一天，待症状消失后再加喂少量奶，并逐天加量。过几天复诊时，宝宝全身的红疹都消失了，浮肿也消退了，再喝原来的奶粉也没有出现过敏症状了。还有一例，奶奶看到新生儿睡梦中一抖好似惊吓的样子，以为是“失魂”了，马上灌“八宝惊风散”，殊不知是婴儿独特的发育特点。

每位宝宝都是独特的个体，育儿方式没有模板可套。他山之石，可以攻玉，妈妈们在日常生活中要多观察、多了解、多学习、多交流，才能知悉宝宝的性格特点，熟悉其饮食喜好，从而知道宝宝是否生长得好。

古人有云：“小儿无知，见物即爱，岂能细节？节之者，父母也。父母不知禁忌，畏其啼哭，无所不与，积成痼疾，追悔莫及。虽曰爱之，其实害之。”

宝宝的饮食习惯，完全是由父母来塑造的。在宝宝人生的头几年，营养可谓非常重要，它的影响甚至在宝宝成年后仍有体现。如何吃和怎样吃才能最好地促进宝宝发育，必须因人而异，父母要根据宝宝的特点来用心观察并学习方法，从而进一步为宝宝打好生长基础。很多不必要的病痛，其实只要父母精心一点、认真一点和多学习一点，从源头开始预防，完全都是可以避免的。

因为常被问到如何增强抵抗力和如何补钙等问题，以及有感于吃什么、怎么吃、吃多少、什么时候吃是大多数父母所不了解的，还有些父母以及长辈们常常懵懵懂懂好心办坏事，于是萌生了写一本《婴幼儿营养食谱》的想法。

结合临床经验和科研知识，我在分阶段介绍各年龄段的营养原则时，有针对性地提供了大量食谱。我们提倡母乳喂养至少要坚持6个月，所以前6个月尤其是前3个月，关于母乳喂养的内容很详细。此后，随着宝宝长牙和咀嚼能力的发育，分阶段提供相应食谱。1岁以后，宝宝已经具备基本的咀嚼能力，本阶段的饮食就按肉、鱼、蔬菜等类别来分食材提供食谱。

对于父母所关心的补钙和补铁等问题，本书专列一章“调理食谱”来介绍。

另有一章“抗病食谱”，提供小儿易患的咳嗽、感冒、腹泻等疾病的食疗方。唐代名医孙思邈言：“凡欲治疗，先以食疗，既食疗不愈，后乃用药尔。”又言：“善用食平疴乃良医也。”是药三分毒，食疗相较而言，既安全且更易被宝宝接受，所谓润物细无声，可于潜移默化之中安抚好疾病。本章集传统医药调养精华，介绍了已被无数妈妈验证有效的食疗方，部分采用药食两用的中药材，具有独特的疗效。但也要提醒妈妈们，若宝宝生病时和有38.5℃以上的高烧或出现情绪不佳、嗜睡、呕吐等状况，还是要及时去医院诊察。

由于个人水平有限，书中若有浅陋之处，还恳请广大读者不吝指教。

若本书能让妈妈们觉得有点儿作用和帮助，我想也就达成我的初衷了。

编　者

2013年于羊城

目录

Contents

Contents

Contents

Contents

Contents

Contents

引篇

一、烹调方式

炖

将食物下锅注入清水，放入调料置于武火上烧开，然后撇去浮沫，再置文火上炖至熟烂的烹制方法。猪骨、猪脚等最好先用沸水焯去血污和腥膻味，然后放入炖锅内。一般炖的时间掌握在2～3小时。其特点是质地软烂，原汁原味。

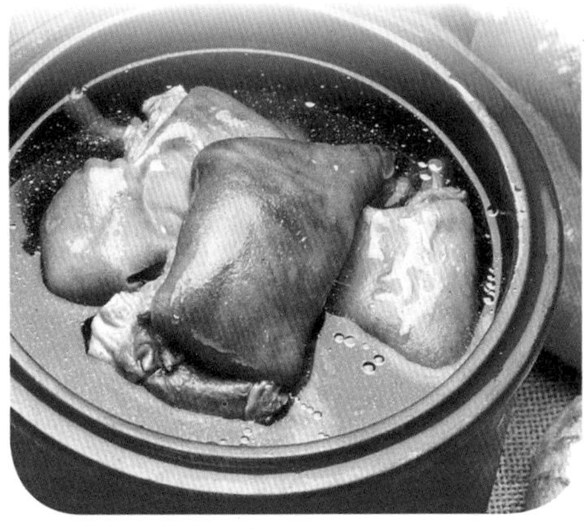

煮

将食物放入汤汁或清水中，大火煮沸后，再用中火或小火煮至熟。

蒸

是利用水蒸气加热烹制菜肴的方法，将加工过的食物置于容器内，加好调味品、汤汁或清水，上笼蒸熟。可较好保存食物营养。

汆

先大火将汤煮沸，再倒入食材，稍烫就可以出锅。特点是汤多而鲜，质嫩。

炒

指烧热锅后下油烧至适当温度，加入原料用铲翻匀的烹调方法。炒至食物断生即可，一般用时较短，也最为常用。

炸

将食物放入油锅内加热至熟的烹调方式。要求大火，油热，原料下锅时有爆裂声。要掌握好火候，防止过热烧焦。其特点是味香口感酥脆。

烧

将食物经过煸、煎、炸等处理后，调味调色，然后再加入其他食物、汤或清水，大火烧开后改文火焖透，烧至汤汁稠浓。特点是汁稠味鲜，但要注意掌握好汤或清水的量，一次加足，避免烧干或汁多。

二、食物的性味归经

四性

即寒性、凉性、温性和热性，也有人将这四性连同不寒不热的平性称为五性。了解食物的四性，就能更好地指导日常饮食。热性或温性的食物，适宜寒证或阳气不足之人服食；寒性或凉性食物，只适宜热证或阳气旺盛者食用。温热性的食物多具有温补散寒壮阳的作用，寒凉性食物一般具有清热泻火、滋阴生津的功效。平性食物是指性质比较平和的食物。

饮食要注意与四时气候相适应，比如说寒冷冬季要少吃些寒凉性食物，炎热夏季要少吃些温热性食物，饮食宜忌要随四季气温而变化。

五味

指辛、甘、酸、苦、咸五种味。辛行气，通血脉，适宜有外感表证或风寒湿邪者服食，如外感风寒感冒者宜吃具有辛辣味的生姜等食物以宣散外寒。甘补益，凡气虚、血虚、阴虚、阳虚以及五脏虚羸者，适宜多吃味甘之品。酸收涩，适宜久泄、久痢、久咳、久喘、多汗、虚汗等遗泄者食用。苦燥湿，适宜热证、湿证者服食。咸软坚润下，凡结核、痞块、便秘者宜食之。

归经

是指食物对于机体各部位的特殊作用。如同为补益食品，桂圆、小麦入心补心和养心安神，心悸失眠者宜之；山药、糯米、大枣等入脾胃经，故能健脾养胃，脾虚便溏者宜之。食物同药物一样，也有一食归两经或三经。如山药能归肺经、脾经和肾经，故凡肺虚、脾虚及肾虚之人均宜食之。

小麦

第一章 0~1岁食谱

一、0~3个月：母乳喂养和人工喂养

＊母乳——给宝宝的最佳见面礼

在奶粉安全事故频出的今天，母乳无疑是最让人放心的：安全健康，不用挑选，不用购买，不用消毒，不用加热。世界卫生组织认为：母乳是最佳的天然营养品，是任何婴儿奶粉都不能代替的。初乳中含大量免疫球蛋白，具有排菌、抑菌、杀菌作用，是宝宝上等的天然疫苗。母乳有利于宝宝排清胎粪，让黄疸顺利消退；含有DHA（二十二碳六烯酸），使大脑生长更加健全；有丰富的胆固醇，为大脑的发育和激素以及维生素D的生成提供最基本的组成部分；其中的乳糖则可经过分解产生半乳糖，对脑组织的发育极为有益。

从亲子关系来看，母乳喂养可以建立母婴之间亲密交流的途径，增进母婴感情，更能让宝宝降生后迅速寻找到最值得信赖的依靠，这种安全感是宝宝日后心智发展的坚实根基。哺乳时，妈妈最好不要专注于电视或与他人聊天，要把注意力放在宝宝身上，和宝宝说话或是抚摸宝宝，这样有利于亲子交流。

同样，母乳喂养对妈妈也有较大益处，不仅可刺激宫缩，促进产后恢复，还有利于消耗多余的脂肪，更可大大降低发生乳腺癌和卵巢肿瘤的概率。

＊“智慧”的母乳

在哺乳的不同时期，乳汁的营养成分会随着宝宝需求的变化而变化。

初乳，是指产后1周内分泌的乳汁，量少，色微黄。初乳中的脂肪含量不高，但蛋白质含量高（主要是免疫球蛋白），维生素和矿物质的含量丰富，还含有抗体。量虽少，但完全可以满足初生宝宝的营养需要和食量需要。

成熟乳是指产后1周到9个月的乳汁，蛋白质含量低，奶水足的妈妈泌乳量甚至可以达到1 000毫升。

前奶是指每次哺乳时前期分泌的乳汁，比较清淡，含有丰富的蛋白质、乳糖、维生素等。如哺乳时间过短，宝宝仅喝到前奶，只能起到解渴的作用，不能喂饱。

后奶产生于每次哺乳的后期，颜色为奶白色，脂肪含量高，能量充足。宝宝只有喝到后奶，才会有饱腹的感觉。所以哺乳时间一定要在10分钟以上，让宝宝喝到后奶。

* 哺乳方法

洗净双手，用干净的湿毛巾擦净乳头乳晕。手呈C形托起乳房（乳汁过急时可用剪刀式手法控制），用乳头轻掠宝宝的上唇，或轻挤乳晕后面部位，挤出乳汁滴到宝宝唇上，等宝宝嘴张大、舌向下的一瞬，迅速将乳头和大部分乳晕送入。当观察到宝宝两颌张得很大，嘴唇如鱼唇般含住乳晕，颞部及耳朵在有规律地蠕动，并伴有规律的吞咽声时，说明小家伙已经在享受美食了。

哺乳时，与宝宝的交流是必要的，爱抚的眼神或温柔细语都有利于宝宝更安心地进食，并乐在其中。

宝宝在一侧乳房吃奶时，另一侧乳房一般会产生反射而滴出乳汁，要用奶瓶、乳垫或干净毛巾接住乳汁，等宝宝吃完一侧，再换另一侧。下次喂奶时从另一侧开始，轮流循环。

哺乳结束时，可用干净的小指放入宝宝的小嘴与乳房之间，以防宝宝离开乳房时拉伤乳头。并挤出少量乳汁涂在喂完奶的乳头上，令其自然干燥，以保护乳头皮肤。

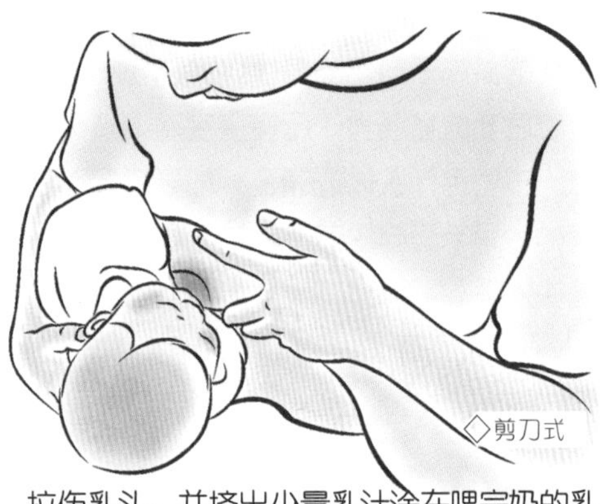
◇剪刀式

◇坐姿哺乳

哺乳完毕后，应挤出乳房内剩余的乳汁，防止因乳汁淤积产生乳腺炎。还要将宝宝抱直，轻拍其背，帮宝宝打嗝，以防溢乳。若宝宝已入睡，应取右侧卧位，防止吐奶呛入气管，引起窒息。若宝宝边吃边睡，或刚吃不久就要睡觉，妈妈要捏捏宝宝的小耳朵，挠挠小脚丫，摸摸脸蛋或换一侧哺乳，把宝宝弄醒，让其继续喝奶。否则宝宝没有喝到后奶，肚子容易饿，会导致过不了多久又要喝奶或睡几分钟又醒。

* 哺乳姿势

哺乳多采用坐姿，选择有扶手有靠背的矮椅，舒适地坐直，背靠椅上，手放扶手上，最好有个脚凳可以搁脚。宝宝的头和身体在同一直线上，嘴和乳头在同一水平位置，肚子贴着妈妈的肚子，而不是扭过头来喝奶。偶尔前倾哺乳时，妈妈不要弯腰，而是将宝宝抬高；如有必要，也可以垫一个枕头来抬高宝宝身体的高度。

侧卧位哺乳也十分常见，更是夜间哺

乳的常用姿势，特别是对于产后身体虚弱的妈妈和剖宫产的妈妈，但一定要注意让宝宝的头高于自己的身体，并防止妈妈们睡着后乳房甚至身体压在宝宝脸上造成窒息。不管用什么体位哺乳，都要尽量使宝宝的一只手可自由活动。不要让宝宝含着乳头入睡。

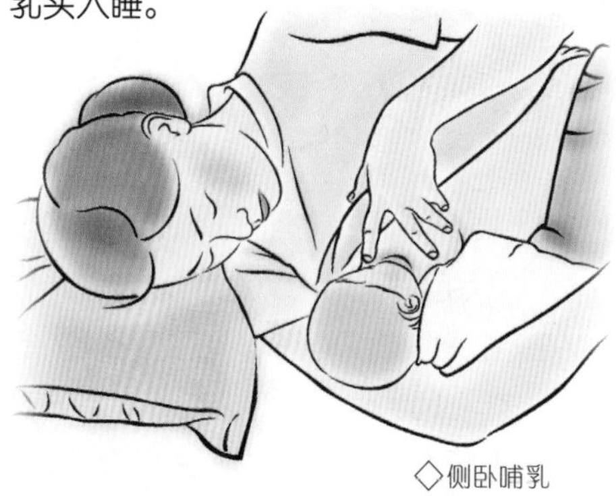

◇侧卧哺乳

* 早喂、勤喂、按需哺乳

新生宝宝断脐后30分钟，便可抱到妈妈胸前进行体肤的充分接触，以唤起宝宝的吮吸本能。需要提醒的是，最好在下奶后才开始喝鱼汤、猪脚汤等发奶的汤水。按需哺乳在宝宝出生后的第一个月特别重要，因为宝宝的消化能力是惊人的，一般不到10分钟，便能将胃内的食物几乎全部消化。同时，宝宝多吸也可对妈妈产生刺激，从而分泌更多乳汁。所以，这个阶段按需哺乳是很必要的，要随时注意观察宝宝是否有饥饿迹象。当妈妈有奶胀感觉时，哪怕宝宝在睡眠中，也可轻轻抱起来及时哺乳。若宝宝处于沉睡中不愿喝奶，一定要挤出来冷藏好，避免乳汁淤积导致乳腺炎而影响母乳喂养。下奶后，通常每天哺乳8～12次，夜间也尽量不要停止。

母乳充足的话，应坚持母乳喂养，并至少喂养6个月，在此之前不必添加其他食品。母乳充足时，2～3个月的宝宝体重平均每天增加30克左右，身高每月增加2厘米左右。如果出现了母乳逐渐减少的情况，且宝宝体重平均每天只增加10克左右，或夜间经常因饥饿而哭闹，可以试试加喂一次配方奶，如果效果不明显就再增加一次配方奶。混合喂养和人工喂养的，应每隔3～4小时喂奶1次，每次60～150毫升，每天6次。即使吃得再多的宝宝，全天总奶量也不能超过1 000毫升。

* 实现纯母乳喂养，信心和坚持很重要

乳汁的多少和乳房的大小没有关系。在未患病的情况下，90%的新手妈妈都能分泌出乳汁。要纯母乳喂养，早开奶、勤吸奶是必不可少的。宝宝刚出生时，不要常给他用奶瓶，因为吸奶嘴相对容易，宝宝习惯后就不想花力气去吸乳头。月子期间，由于刚生产完或其他原因，乳汁分泌量可能并不能完全满足宝宝的需求，可以适当搭配配方奶。即使是喂配方奶，也要先让宝宝吸吸母乳后再吸奶瓶。

随着宝宝吮吸力的加强，母乳的分泌量也会越来越多。有部分妈妈在坐月子时奶水不足，但是慢慢坚持，在2～3个月时奶量会追上来，最终能够实现全母乳喂养。

＊ 混合喂养

如果采取了一切措施之后，妈妈的乳汁仍然不足，这时便需要混合喂养，即用其他乳类或代乳品作为补充哺喂宝宝。需要强调的是：其实只要能坚持并有正确的专业辅导，几乎所有的妈妈都可以哺乳，所以不到万不得已，别放弃母乳哺喂。

每天先哺喂母乳，原则上不得少于3次，然后用其他乳类或代乳品补充不足（配制要求见人工喂养）。

喂养时最好用小汤匙或滴管，避免用奶嘴，以免宝宝习惯了较为轻松的奶嘴，不愿意出力气来吸母乳。一旦妈妈的奶量恢复正常，应立即转为母乳哺喂。

＊ 人工喂养

少数妈妈在实在没有奶或患某些疾病不适合哺乳的情况下，需要人工喂养，即完全使用其他乳类或代乳品进行哺喂。

配方奶是人工喂养的首选代乳品，根据体重，参考配方说明给量，就能保证宝宝营养和水的需要。除非宝宝不适应牛奶，否则不要改用其他食物。

＊ 人工喂养方式

注意温度，可将奶滴于手腕内侧，以不烫为宜。哺喂时将奶瓶倾斜45°，使奶嘴中充满乳汁，避免让宝宝吸入空气或奶水冲力太大。配乳及哺喂前必须洗净双手，哺喂过程中避免手触碰奶嘴头。奶瓶、奶嘴、杯子、碗、匙等每次用后要清洗、消毒（加水煮沸20分钟，玻璃奶瓶不要等水沸后才放入，要和凉水一同煮沸）。消毒后也可以放在消毒的锅里晾干，但不要用水泡着。牛奶不能放在保温的器具里，否则容易滋生细菌。没吃完的剩奶不能再给宝宝饮用。

每个宝宝哺喂量的个体差异是存在的，妈妈们不必呆板按规定量哺喂，应注意观察宝宝的表现，以其能吃饱并消化良好为度。

＊ 宝宝喝饱了吗

吃奶时间是判断宝宝是否吃够奶的直接依据，此时的宝宝一般连续吮吸10分钟以上就饱了（但要保证是有效吮吸，即可听到宝宝连续几次到十几次的吞咽奶水的声音）；也可以根据宝宝吮吸后安静入睡或自己放开乳头玩耍等表现来作出判断。

体重增加是最明显的标志。对正常宝宝来说，哺乳期间平均每个星期应增加110～200克体重，或每月增加450克。

排泄状况也是一个重要指标。吃奶足够的宝宝每天尿布起码会湿4次以上，每次排尿量约相当于2汤匙水，浅色或是水

色尿液是正常的，尿液颜色较深或呈苹果汁颜色则说明奶水不足；大便反映乳汁的质量，这个阶段每天2～4次，刚出生几天时的青黑色胎便过后，正常母乳喂养的宝宝的大便应是金黄色糊状。

* 不宜哺乳的情况

妈妈患有传染病时，从体力和安全角度考虑，都不宜哺乳。

妈妈患有精神疾病或癫痫时，不宜哺乳。

妈妈生气时，体内会产生一种毒素，影响乳汁质量，不宜哺乳。

妈妈刚运动完后，体内会产生乳酸，使乳汁变味，此时也不宜哺乳。

妈妈喝完酒后，不宜哺乳。至少要2小时后，乳汁中的酒精才能代谢完。

妈妈化妆后，化妆品的气味会掩盖宝宝天生就熟悉的妈妈的体味，导致宝宝情绪低落而妨碍进食，更可能因宝宝对化妆品过敏而产生不良反应，因此不宜哺乳。

* 判断母乳不足

宝宝体重增加缓慢。

哺乳时很少听到宝宝连续的吞咽声，甚至宝宝会突然离开奶头啼哭不止。

宝宝经常睡不香甜，或者吃完奶不久就哭闹，试图寻找奶头。

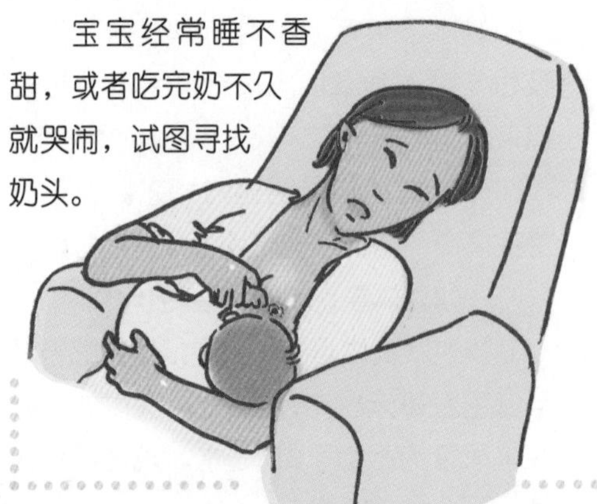

宝宝小便次数少，量也少。

妈妈常自己感觉乳房空。

* 服用鱼肝油

鱼肝油主要含有维生素A和维生素D。其中，维生素A利于人体免疫系统发育，维生素D是人体骨骼中不可缺少的营养素。人体肠道对钙的吸收必须要有维生素D的参与，而母乳中维生素D含量较低，所以婴儿从出生后半个月到3个月开始就应该酌情添加鱼肝油以促进钙、磷的吸收。剂型、药量和服药期限必须在医生指导下进行，否则摄入过量会引发中毒症状，导致毛发脱落、皮肤干燥皲裂、食欲不振、恶心呕吐，同时伴有血钙过高以及肾功能受损。一旦确认为“鱼肝油中毒”，应该立即停止服用。

如果日照时间长，可以不用每天服用鱼肝油。每天需要400国际单位的维生素D，在阳光的照射下（树荫下、屋檐下等阳光未直接照射的地方也可吸收维生素D，隔着玻璃晒则产生不了），每平方厘米的皮肤1小时可产生20国际单位的维生素D。在气温允许的情况下，可以给宝宝做日光浴。但一定不要在阳光强烈时暴晒，如夏季上午10：00时至下午4：00时。

日照不足尤其是冬天的时候，要记得补充鱼肝油。一些婴儿食品已经具有强化维生素A、维生素D的效用，如果规律服用也需要减少鱼肝油用量。

* 催乳食谱

丝瓜鲫鱼汤

原料：

新鲜鲫鱼1条，丝瓜200克，料酒、姜片、葱花各适量。

做法：

1. 鲫鱼去杂洗净，稍煎，加入料酒、水、姜片、葱花调味；丝瓜洗净切片。
2. 鲫鱼入锅，小火焖炖20分钟，倒入丝瓜片，大火煮至汤乳白色后加盐调味，几分钟后即可起锅食用。

◇鲫鱼

◇枣糖花生汤

枣糖花生汤

原料：

花生30克，红枣50克，红糖适量。

做法：

1. 花生、红枣同入锅，加水适量煮汤。
2. 汤成加入红糖即可。

花生粥

原料：

大米100克，花生仁100克，冰糖适量。

做法：

1. 大米洗净，加水大火煮沸。
2. 沸后加入花生仁，改用小火煮，粥成后加冰糖调味即可。

◇花生粥

党参蒸鸡

◇乌鸡

原料：

乌鸡1只，黄芪20克，枸杞子15克，党参15克，葱、姜、盐、料酒各少量。

做法：

1. 乌鸡洗净切块，用葱、姜、盐、料酒拌匀。
2. 乌鸡块加黄芪、枸杞子、党参，隔水蒸20分钟即可。

◇猪蹄炖花生

猪蹄炖花生

原料：

猪蹄4只，花生仁300克，盐、葱、姜、黄酒各适量。

做法：

1. 猪蹄去毛洗净，用刀划长口。
2. 猪蹄和花生仁同入锅，加水用大火煮沸，下佐料小火熬至烂熟即可。

通草猪蹄汤

原料：

通草5根，猪蹄2只或蹄膀 1 只，盐适量。

做法：

1. 猪蹄刮毛洗净斩块。
2. 二物同入锅，加水煮至烂熟，加盐调味即可。食肉饮汤。

* 补充水分

纯母乳喂养的宝宝，在6个月以前一般是不需要另外喂水的；人工喂养的宝宝则需要在两次哺乳之间喂一次水。因为牛奶中的矿物质含量较多，宝宝不能完全吸收，多余的矿物质必须通过肾脏排出体外。此时，宝宝的肾功能尚未发育完全，没有足够的水分就无法顺利排出多余的物质。因此，人工喂养的宝宝必须保证充足的水分供应。

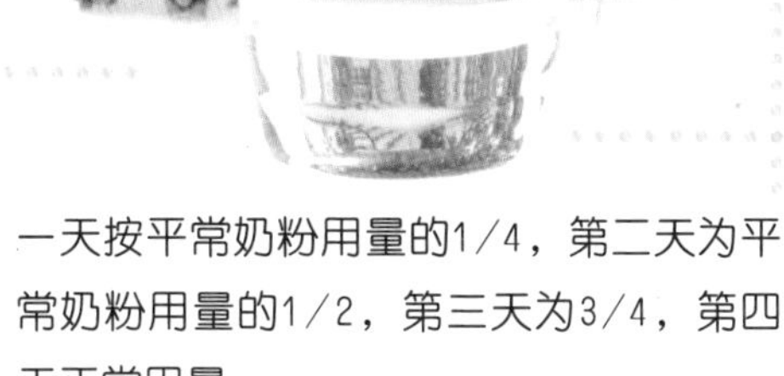

* 宝宝腹泻时的喂养

在宝宝腹泻时，要适当地改变乳量。母乳喂养的宝宝不用停止喂奶，略微减少喂奶量即可，待病情好转时再逐渐恢复喂奶量。同时，妈妈也要避免吃高脂肪类食物，以免增加乳汁中的脂肪量。

人工喂养的宝宝，要稀释奶粉喂。第一天按平常奶粉用量的1/4，第二天为平常奶粉用量的1/2，第三天为3/4，第四天正常用量。

* 脑发育的高峰期

从出生到1周岁，宝宝的脑发育是很快的，几乎每月平均增长1 000毫克。在头6个月内，平均每分钟增加约20万个脑细胞，也就是说出生后3个月是脑细胞生长的第二高峰。为了宝宝的聪明，每位哺乳的妈妈一定要注意营养，以提高母乳的质量。日常可多食用鱼肉、鸡蛋、牛奶、大豆及豆制品、苹果、橘子、香蕉、核桃、芝麻、花生、榛子、瓜子、胡萝卜、黄花菜、菠菜、小米、玉米等。

◇玉米、大豆

* 职业女性的喂养方法

在即将上班的前几周，妈妈应该根据上班时间，适当调整宝宝的喂奶时间，并让宝宝习惯奶瓶。喝惯了母乳的宝宝，这时候一般都不喜欢用奶嘴，所以即使是母乳喂养，也可以在平时用奶瓶喂水，培养宝宝用奶嘴的习惯。挤奶必备物品有冰袋、吸奶器、储奶杯、储奶袋等。

上班后如条件允许的话，每天可以吸奶1～3次，并用储奶袋、储奶杯等储存母乳，放在冰箱内冷藏或冷冻，回家后放冰箱内保存。如果上班地点远，要离开宝宝8小时以上的，可以早晨喂一次奶，下班时喂一次，晚上宝宝临睡前再喂一次。最好是努力坚持母乳喂养，压缩牛奶或其他代乳品的喂养次数。上班时不方便挤乳，又不想停止母乳喂养的话，可以在白天喂配方奶，回家后再喂母乳。由于工作忙碌和压力增大，妈妈可能会忽略食物质量，容易疲劳，使奶量减少。记得注意营养的摄取，且每天补充的水分应该在1.5升左右。

牛奶

如果不想坚持母乳喂养的话，应该在上班前2周开始，慢慢减少母乳喂养次数，让宝宝学会吸吮奶嘴，逐渐用配方奶或其他代乳品来补充。在1周前就基本停止母乳喂养，这样慢慢减少母乳喂养次数，不至于突然停止哺乳造成宝宝的不适应，也不会让乳房肿痛不舒服，能让身体慢慢适应，泌乳量也逐渐减少。

* 母乳的保存与加热

挤出来的母乳，在室温中可以存放6小时，冰箱中可以冷藏48小时，冷冻可以3～6个月。保存前，最好在容器外注明时间，利于分辨是否过期。

冷藏过的母乳，不能直接加热或者用微波炉加热，应该隔水加热。具体方法是，将装有母乳的奶瓶置于温度低于60℃的温水中加热。现在有自动温奶器出售，热奶只需几分钟，操作也很简便。

二、4~6个月：尝试添加辅食

＊ 喂养要点

本阶段的哺乳时间应变得规律，并开始尝试添加辅食，为逐渐断奶做准备。母乳喂养的宝宝每天喂奶5次，配方奶则是120～180毫升，最好能夜间睡觉时不哺乳，以延长宝宝夜间睡眠时间。

在此时期，宝宝可能会“厌食牛奶”，表现为减少食量或不愿喝奶。这是宝宝在自行调节食物需求量，只要身体无碍，情绪好就不用担心，强行让宝宝喝奶的话，反而会使宝宝没有饥饿感，不想喝奶。可以间隔3～4小时，让宝宝随意吃。如果有特殊情况必须提早断奶的话，一定要给宝宝提供额外的爱和温暖。

从4个月起，在人工喂养的基础上，可以给宝宝添加米糊、果汁等辅食，母乳喂养的宝宝可以推迟到6个月再进行。在这个月里可添加蛋黄或每天1～3汤匙米糊，菜汁、果汁按1：1的比例稀释后喂食。此月内可以在米糊里添加的食物有土豆、番薯、白萝卜、南瓜、蛋黄。

在添加辅食时，即使宝宝喜欢某种食物，也不要过量喂食。如果因吃多而出现大便变多变稀的情况，只要宝宝精神好、无异常的话，就不用担心，可以继续喂该种食物，但要注意分量。

应该尽量将母乳喂养坚持到宝宝6个月大。可以逐渐延长喂奶间隔，缩短喂奶时间。不管宝宝多么能吃，一天的奶量也要控制在1 000毫升以内，否则会变成肥胖儿。宝宝10天内体重增加150～200克为正常；超过200克，要加以控制。

如果条件允许，可以准备一些粗颗粒的食物。因为此时的宝宝已经准备长牙，有的宝宝已经长出了一两颗乳牙，可以通过咀嚼食物来训练宝宝的咀嚼能力。同时，宝宝已进入断奶的初期，每天给宝宝吃一些蛋黄泥、肉泥、猪肝泥等食物，可补充铁和动物蛋白，也可给宝宝吃稀粥等补充热量。在宝宝吃辅食噎着时，一定要给宝宝拍击后背，一直拍到把卡住的东西吐出来为止。由于宝宝消化道内淀粉酶的数量明显增加，需要及时添加

◇果汁

淀粉类食物如熟烂面条、米糊等。喂些米粥和菜泥，可以补充维生素和无机盐，同时使宝宝的咀嚼能力得到初步的锻炼。鱼肉泥富含磷脂、蛋白质，肉质细嫩易于消化，但制作时一定要去鳞去骨刺。在满6个月大以前，不要给宝宝吃含有麸质的东西，如大麦、小麦、燕麦等。如果现在宝宝对吃辅食很感兴趣，可以酌情减少一次奶量。

* 为什么要添加辅食

辅食是指在宝宝的喂养过程中，随着月龄的增加，为满足宝宝生长发育的需要，逐渐给宝宝添加乳类食品以外的食物。主要的辅食有婴儿米粉、米糊、果汁、蛋黄、菜泥、肉末、豆腐、面条、水果等。在4个月之前，宝宝的消化器官尚未发育成熟，吃辅食的话，会给幼嫩的胃肠道造成不必要的负担，可能会出现呕吐或腹泻的情况。到4个月后，宝宝消化器官的功能已经比较完善，胃容量增大，唾液腺的分泌逐渐增加，开始为接受谷类食物提供了消化的条件，这时宝宝已经具有吞咽食物的能力。也就是说，从这个时期开始，宝宝可以吃乳类以外的食品了。添加辅食，不但可以让宝宝尝试不同的口味，并逐渐接受乳类以外的食品，还可以学习大人的饮食方式。6～12个月是宝宝发展咀嚼和吞咽技巧的关键期，一旦错过此时机，以后再训练往往事倍功半。此后宝宝会越发失去学习的兴趣，吃东西往往咀嚼两三下就吞下去。

◇肉末扒瓜脯

* 如何添加辅食

最开始喂辅食时（初期辅食阶段），仍然以奶为主，辅食要和配方奶交替着喂。头一个月里每天上午喂一次辅食，可以在稍微喂一些牛奶后喂1/4小勺的辅食，接着喂牛奶或母乳。在喂辅食时，必须抱着宝宝，让其上身保持直立姿势。等到宝宝可以坐起时，就让宝宝自己坐着吃。最好使用前端短、平的小勺，每次舀少许食物放在勺子上，送入宝宝舌头后面，让其了解食物在嘴里的感觉，并练习吞咽的动作。用小勺一小口一小口地喂，会比宝宝吸吮奶瓶所用的时间更长，也更容易使宝宝在吃的过程中培养使用勺子的习惯。如果宝宝在勺子面前转过头去或紧闭嘴唇拒绝，则表示吃饱了。

添加新食物后的最初几天，注意观察宝宝的大便。如果发现大便中原样排出新食物，此时不可加量，等到宝宝大便正常时就可以增加用量了。当宝宝进食新食物时，大便颜色会改变。皮疹、腹泻、呕吐、气喘或鼻塞都可能是食物过敏的信号，此时应停止喂新食物，并与医生联系。妈妈要细心一点，记好添加的新食物时间和品种以及宝宝的任何反应。

刚开始时，宝宝吃辅食的量并不大，可能就两三勺，现在市场上有不少婴儿米糊供选购，妈妈可以按需选择，节省下做辅食的时间，多带宝宝出去散散步或者与人交流。

* 添加辅食的时间

当宝宝出现以下表现时，就意味着可以喂辅食了。

体重已达到出生时体重的2倍，通常为6千克。早产儿或出生体重2.5千克以下的低体重儿，添加辅食时，体重也应达到6千克。

每天喂奶多达8次以上，或一天吃奶粉达1 000毫升，宝宝仍然饿或有较强的求食欲。

◇宝宝的辅食一般从流质开始

宝宝会对别人吃东西很有兴趣，眼睛看着食物从盘子到嘴里的过程。

当小勺碰到嘴唇时，宝宝表现出吸吮动作，能将食物向口腔后送，并吞下去；当触及食物或喂食者的手时，宝宝会出现笑容并张嘴，有进食愿望。

通常生长速度快、又较活泼好动的婴儿要比长得慢又文静的婴儿需要早一点添加辅食。人工喂养较混合喂养及母乳喂养的婴儿添加辅食为早。

有过敏症状的宝宝，应该在出生6个月后再开始喂辅食。

* 添加辅食的原则

从少量开始，逐渐增加。要了解宝宝是否对新食物过敏，若过敏要立即停止喂食。宝宝对食物的过敏反应可能并非永久性，有些宝宝长大后，这些过敏反应会消失。

宝宝接受辅食基本上是从流质到半流质，再到固体食品。最初的辅食要制作成冰淇淋状。食物品种要等宝宝接受了一种再增加一种：要宝宝适应一种食物，间隔至少3天后再增加其他种类食物。有时宝宝吃吃吐吐，并不代表不接受该食物，若坚持下去，这种情况就可能消失。有时宝宝接受一种新食物可能要喂8～10次。

在宝宝健康时增加新食物，因为在生病时消化能力降低，此时添加新的食物易导致消化功能紊乱。在炎热的季节，宝宝易消化不良，一般不主张添加新食物。一旦在添加辅食的过程中出现消化不良症状，就应暂停添加此种辅食，待消化功能正常后再从少量喂起。

1周岁以前在制作辅食的过程中，不要加任何调味品，以免加重宝宝肾脏的负担。

* 喂辅食须知

喂宝宝吃东西之前，一定要自己试试食物的温度，温热即可，避免太烫。

试着跟宝宝交流，鼓励其吞咽食物，不要要求宝宝在多少时间内吃完，让其按照自己的节奏吃，充足的喂食时间是宝宝愉快进餐的有利因素。为了练习吞咽和咀嚼，宝宝会弄得很脏，不要责备宝宝。

耐心一点，有时候添加一种食物宝宝

要尝试很多次才能接受。试着每天在同一时间喂，这样宝宝会渐渐养成习惯。

让宝宝有一个专属的调羹和碗，这样就会尝试自己吃东西。

当宝宝可以撑住自己的脑袋并且坐直时，妈妈可以准备一张合适的婴儿椅，注意不要让椅子靠近墙壁，否则宝宝的脑袋可能会撞到墙上。一定不要在无人照看的情况下，让宝宝独自吃东西。

* 喂蛋黄

蛋黄含铁较丰富，又能被婴儿消化吸收，是最适合的营养食品之一。给宝宝添加蛋黄，并不单单是指鸡蛋黄，也可以添加鹌鹑蛋、鸭蛋的蛋黄。以鸡蛋为例，先将鸡蛋煮熟，分离蛋白、蛋黄，取1/8个蛋黄用开水或米汤或母乳或配方奶调成流质，用小勺喂。也可以将鸡蛋煮熟后取出蛋黄，用小勺碾碎，取1/8个直接加入煮沸的配方奶中，反复搅拌至混合均匀，稍凉后喂宝宝吃。若宝宝食后无腹泻等不适，再逐渐增加蛋黄的量，6个月后便可食用整个蛋黄了。人工喂养的宝宝，最好在第4个月时开始加蛋黄，可将1/8个蛋黄加少许牛奶调为糊状，然后将一天的奶量倒入调好的糊中，搅拌均匀。煮沸后，再用文火煮5～10分钟，分几次给宝宝吃。

但是，此时尚不宜吃蛋白。这是由于宝宝的消化系统还没有发育完善，肠壁的通透性比较高，蛋白的分子小，可以通过肠壁直接进入血液中，使宝宝对异性蛋

专家经验谈

美国科学家发现，1周岁以下的宝宝因肠道尚未发育成熟，服用蜂蜜可能因肉毒杆菌污染而引起食物中毒。安全起见，1周岁前最好不要给宝宝服用蜂蜜。

白分子产生过敏反应，从而引起湿疹、荨麻疹等皮肤病。等宝宝10个月大时，就可以吃整个鸡蛋了。

＊ 观察大便

母乳喂养宝宝的大便为金黄色的糊状，偶尔会有乳凝块，有酸味，次数较喝配方奶的宝宝多。配方奶喂养和混合喂养的宝宝大便为成形的淡黄色，比较臭，每天1～2次。开始添加辅食的宝宝，大便的颜色和形状均类似成人，每天1次。

有的宝宝会出现棕色泡沫便，这可能是添加辅食初期，食物中淀粉类物质（如米粉）过多导致的，减少此类食物的喂养量即可。还有绿色黏液状的大便，次数多而量少，则是因为喂养量不足引起的，应补足营养，喂养分子颗粒小的米粉或及时喂奶，即可缓解。如果大便闻起来像臭鸡蛋一样，说明蛋白质摄入过量或消化不良，可暂停添加蛋黄、鱼肉等辅食。

专家经验谈

偏食肉类、鸡蛋和豆类等含蛋白质较多的食物，大便气味往往会奇臭难闻。这是因为大量蛋白质中和了胃酸，降低了胃液的酸度，细菌较容易在胃囊中繁殖。

＊ 食谱

纯米糊

原料：

大米10克，清水半杯。

做法：

1. 大米洗净，在冷水中浸泡1小时左右，磨成粉末状。
2. 将水倒入磨碎的米粉中，先用武火煮沸，再用文火煮熟。

大米

牛奶（母乳）米糊

原料：

大米10克，水1/3杯，牛奶（或母乳）1/4杯。

做法：

1. 大米洗净，冷水中浸泡1小时后放入锅内。
2. 加入适量的水，武火煮沸后改用文火慢慢熬。如果米糊越煮越稠的话，可以补充少许母乳或牛奶。
3. 快煮成时，将余下的母乳或牛奶一起倒入锅中，搅拌均匀再煮1分钟即可。

南瓜米糊

原料：

大米10克，新鲜南瓜5克，水半杯。

做法：

1. 大米洗净，在冷水中浸泡约1小时后，去水备用。
2. 南瓜洗净，去瓤，切成极小块。在切好的南瓜中加入适量的水，搅拌成糊状。
3. 再将大米倒入南瓜糊中，用武火煮，煮沸后改文火继续煮，不时用勺搅拌。

◇白菜

南瓜奶泥

原料：

新鲜南瓜50克，牛奶（或母乳）100毫升。

做法：

1. 南瓜洗净，削皮，去瓤，放入锅内蒸熟，捣碎成泥。
2. 加牛奶（或母乳）入南瓜泥中，武火煮沸后，文火煮至稠状即可。

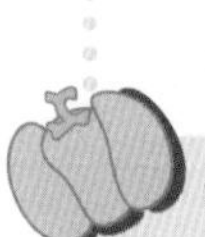

白菜汤

原料：

白菜50克。

做法：

1. 白菜洗净、切碎。
2. 放入锅中加少量水煮4～5分钟，滤渣取菜汁，待温装入杯或瓶中喂给宝宝吃。

南瓜奶粥

原料：

新鲜南瓜30克，牛奶（或母乳）50毫升，大米50克。

做法：

1. 南瓜洗净，削皮，去瓤，蒸熟捣成泥；大米洗净。
2. 大米入锅加清水煮粥，煮熟后倒入南瓜泥，搅拌均匀后小火煮10分钟。再倒入牛奶（或母乳），稍煮即可。

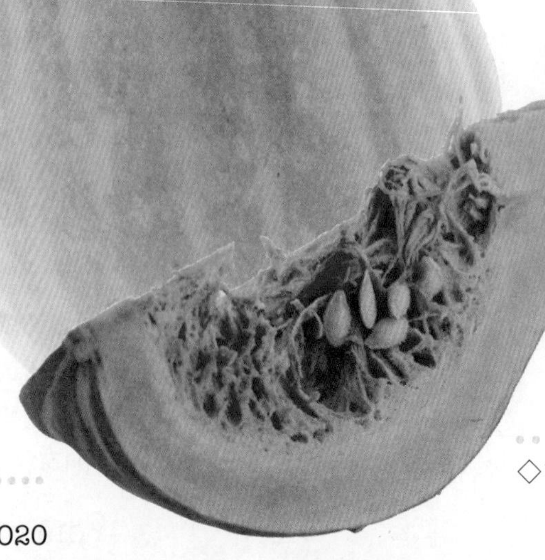

◇南瓜

土豆泥

原料：

土豆50克。

做法：

土豆去皮，洗净切小块，加水煮熟后捞出置于碗中，用汤匙压成泥状即可。

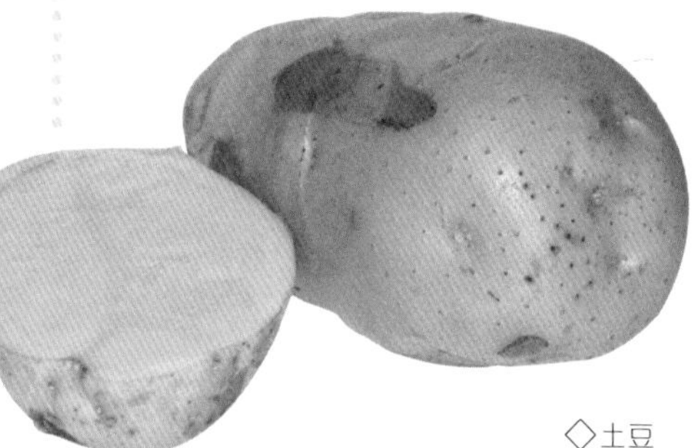

◇土豆

蛋花青菜粥

原料：

鸡蛋1个，青菜1根，大米50克。

做法：

1. 鸡蛋黄打散，搅拌均匀；青菜洗净切末；大米洗净。
2. 大米加适量清水入锅煮粥，粥熟时打入鸡蛋液，边搅拌边煮两三分钟，再倒入青菜末，煮熟即可。

番薯泥

原料：

番薯50克。

做法：

将番薯洗净、去皮、切碎捣烂，稍加温水放入锅内煮15分钟左右，至烂熟即可。

山药蛋黄糊

原料：

山药50克，熟蛋黄1个，牛奶少量。

做法：

1. 山药去皮蒸煮熟，用勺背压成泥；蛋黄同样压成泥。
2. 山药泥和蛋黄泥混合在一起拌匀，倒入牛奶搅成糊状即可。

胡萝卜粥

原料：

大米2小匙，水120毫升，过滤好的胡萝卜汁1小匙。

做法：

1. 把大米洗干净用水泡1～2小时。
2. 大米放锅内小火煮粥，停火前加入胡萝卜汁，再煮10分钟左右即可。

牛肉汤

原料：

牛肉100克，清水7杯。

做法：

牛肉切成小块，洗净后放入锅里，加入适量清水，以武火煮沸。撇去表面的血沫，再用文火煮0.5～1小时即可。

◇牛肉

◇香蕉

果泥

原料：

水果要挑选新鲜且果肉多、纤维少、带果皮或者受农药污染与病原感染机会较少的，如橘子、苹果、香蕉等。

做法：

1. 水果洗净去皮。
2. 用汤匙挖出果肉并压成泥状即可，也可使用研磨板磨成泥。

蛋黄粥

原料：

大米2小匙，水120毫升，蛋黄1/4个。

做法：

1. 把大米洗干净后加适量水泡1～2小时。
2. 大米加水文火煮熟，再把蛋黄放容器内研碎，加入粥锅内再煮10分钟左右即可。

番薯粥

原料：

番薯30克，大米50克。

做法：

1. 番薯洗净，去皮蒸熟捣烂；大米洗净。
2. 大米入锅加适量清水煮稀粥，粥成倒入番薯，拌匀续煮10分钟即可。

番薯奶泥

原料：

番薯50克，牛奶（或母乳）100毫升。

做法：

1. 番薯煮熟去皮，用勺背压成泥。
2. 温热的牛奶（或母乳）倒入番薯泥中，搅匀即可。

西红柿粥

原料：

西红柿1个，大米50克。

做法：

1. 西红柿洗净，烫软去皮，切碎榨汁；大米洗净。
2. 大米入锅加适量清水煮粥，粥熟后倒入西红柿汁，拌匀即可。

◇西红柿汁

胡萝卜泥

原料：

胡萝卜10克。

做法：

胡萝卜洗净、削皮、切成薄片，入锅加水煮软后改用文火煮，煮至成糊状即可。

鱼肉泥

原料：

鲈鱼50克。

做法：

剔出鲈鱼身上肉嫩无刺之处洗净、切块，加入适量水文火煮熟，捣成泥状即可。

◇胡萝卜

专家经验谈

胡萝卜含有蛋白质、脂肪、矿物质、维生素等多种营养素，能够有效治疗小儿营养不良，有“小人参”之称。

水果藕粉

原料：

藕粉1/2大匙，水半杯，水果泥1大匙。

做法：

1. 把藕粉和水放入锅内混合均匀后用文火熬，边熬边搅拌直到透明为止。
2. 加入水果泥稍煮即成。

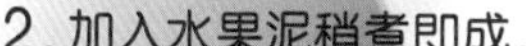

◇新鲜水果

三、7~9个月：锻炼咀嚼能力

* 喂养要点

这一阶段是宝宝学习咀嚼和喂食的敏感期，妈妈要尽可能多地提供多种口味的食物让宝宝尝试，并可以把不同种食物自由搭配，满足宝宝的口味需要。主食还是母乳或配方奶，奶量不变。但此时的宝宝已经出牙，可以喂果泥了，菜汁、果汁可以稀释后喂。熟蛋黄增至每天1个，到10个月时可过渡到喂蒸蛋羹。粥稍煮稠些，每天先喂3小勺，逐步增至5～6小勺；也可添加燕麦粉、混合米粉、配方米粉等。在稀粥或米粉中加上1小勺蔬菜泥，如胡萝卜泥或南瓜泥。如果宝宝吃得好可以少喂奶1次。

此时期宝宝可以吃的食物有：花椰菜、绿叶蔬菜、土豆、玉米、西红柿、茄子、苹果、橙子、草莓、猪肝泥、鸡肝泥、鱼肉泥、猪肉末、牛肉末、虾肉泥、鸡肉粥、熟烂面条、嫩豆腐、面包片。吃东西时一定要照看宝宝，防止被食物噎住。

此阶段是中期辅食阶段，每天给宝宝添加3次辅食，在第7个月，母乳喂养)减少到3～4次()减少白天的哺乳次数)，一天的哺乳量为600～800毫升。可以让宝宝的吃饭时间与父母的一致，以培养其正确的饮食习惯。此时宝宝需要大量的钙，人工喂养的宝宝可以通过喝500～600毫升牛奶来满足。可以把牛奶或其他饮料盛在杯子里，让宝宝逐渐与杯子亲近，学会自己用杯子喝水。

◇空心菜

◇水杯

宝宝的消化酶已经可以充分消化蛋白质了，每天所需蛋白质含量为每千克体重2.3克，可以给宝宝多喂一点富含蛋白质的奶制品、豆制品、鱼肉等辅食。如果宝宝体重增加过多，可以减少含糖食品，增加菜泥等辅食。每天的食物要多样化，包括粮食类、肉蛋类、豆制品类、蔬菜水果类等，这样才能保证一天的均衡营养。

第8个月开始，随着宝宝的发育，宝宝能够接受各种捣碎的食物，学会并喜欢咀嚼食物。渐渐开始从吃奶过渡到喜欢吃三顿辅食，同时再喝一些水、稀释的果汁或牛奶。食物的量需要几周的时间来慢慢增加，一直加到宝宝可以从固体食物中得到生长所需要的热量。随着吃固体食物次数的增加，宝宝对奶的需求量逐渐减少。

母乳喂养的次数要减少到2～3次，在早上、中午和临睡前各喂1次。人工喂养的宝宝，牛奶量要保持在500～600毫升。此时，可以把整个水果洗净、削皮、去核、切条，给宝宝拿在手上吃。宝宝喉头的吸入反射还没有发育完善，瓜子、绿豆般小粒的食物很容易卡在喉咙里和堵住支气管，引起呼吸困难。因此，不要喂这么小颗粒的食物。渴了，可以给宝宝喂白开水或稀释果汁，不要喂奶。宝宝天性喜欢吃甜的东西，番薯、南瓜、木瓜具有天然的甜味，可以适量给宝宝吃。不要给宝宝购买糖果、奶油蛋糕、含糖或热量较高的饮料，这样可以控制宝宝嗜甜的习惯。

◇不宜让宝宝食用糖果

＊ 中期辅食注意事项

食物的形态可从汤汁或糊状，渐渐转变为泥状。

可添加五谷或根茎类的食物如南瓜、土豆、番薯、小米等，可以增加稀饭、面条、吐司、馒头等。

纤维较粗的蔬果和太油腻、辛辣刺激的食物，不适合喂给宝宝吃。蔬菜可以除去粗老的茎叶后剁碎掺入米糊、面条或者做成菜泥。

◇青菜粥

专家经验谈

一般来说，深绿色蔬菜中维生素C、胡萝卜素及无机盐含量都比较高。另外，胡萝卜素在橙黄色、黄色、红色的蔬菜中含量较高。

食谱

猪肝肉末粥

原料：

大米50克，熟鸡蛋黄1个，猪肝、肉末均少量。

做法：

1. 猪肝洗净后剁碎；熟鸡蛋黄用勺背压成泥；大米洗净。
2. 大米入锅加适量清水煮粥，粥熟后加入蛋黄泥、猪肝末和肉末，搅拌均匀再煮15分钟即可。

猪肝土豆汤

原料：

猪肝少许，土豆30克，肉汤少许，菠菜叶少许。

做法：

1. 泡去猪肝中的血，放沸水中煮熟并研碎。
2. 将土豆煮软研成泥状，并与猪肝一起放入锅内加肉汤用微火煮，煮至适当浓度后撒上菠菜叶即停火。

猪肝胡萝卜汤

原料：

胡萝卜100克，猪肝50克，肉汤1碗。

做法：

1. 胡萝卜和猪肝洗净后，分别煮熟切小块。
2. 二物同放入锅内，加入肉汤煮沸后撇去浮沫即可。

猪肝胡萝卜汤

炸馒头片

原料：

白面馒头2个。

做法：

1.将馒头切成0.5厘米厚的片。

◇馒头

2.油锅烧热，放入馒头片，待两面均炸成金黄色时夹出。注意火候，不要烧焦了。

香蕉牛奶

原料：

香蕉小半根，牛奶50毫升。

做法：

1.香蕉去皮，用小勺背碾成泥状。

2.香蕉泥放入锅内，加入牛奶搅拌均匀，用文火煮沸，煮沸后再煮约5分钟，边煮边搅拌即可。

◇牛奶

鸡肉汤

原料：

鸡胸肉2小块，肉汤1碗。

做法：

鸡胸肉洗净，切成肉末放入锅内，同时加入肉汤，煮熟即可。

葡萄干土豆泥

原料：

葡萄干（或提子干）5颗，土豆50克。

做法：

1. 葡萄干温水泡软后切碎；土豆洗净后去皮蒸熟，用勺背压成泥。

2.锅内加少量水，放入土豆泥和葡萄干，小火煮成糊状即可。

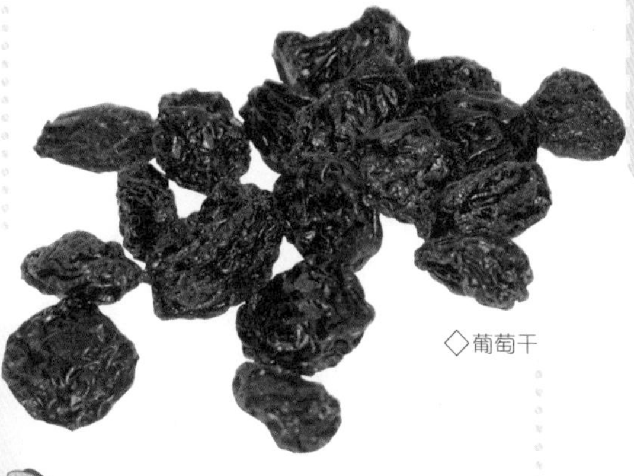

◇葡萄干

藕粉粥

原料：

藕粉30克，大米50克。

做法：

藕粉和大米加水适量煮粥，煮熟后待温给宝宝食用。

◇鸡蛋黄

蒸豆腐羹

原料：

嫩豆腐50克，鸡蛋黄1个。

做法：

嫩豆腐和鸡蛋黄放在一起打成糊状，加入少量清水搅拌均匀，隔水蒸10分钟即可。

豆腐鸡蛋羹

原料：

熟鸡蛋黄1/2个，豆腐2小匙，肉汤1大匙。

做法：

1. 将熟鸡蛋黄研碎；把豆腐煮后控去水分后过滤。
2. 把蛋黄和豆腐一起放入锅内，加入肉汤边煮边搅拌即可。

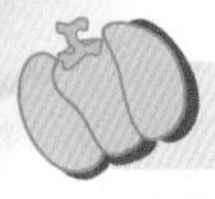

土豆蛋黄泥

原料：

熟鸡蛋黄1个，土豆1个，牛奶（或母乳）100毫升。

做法：

1. 熟鸡蛋黄用勺背压成泥；土豆洗净、去皮、煮熟压成泥。
2. 蛋黄泥和土豆泥混合，倒入牛奶（或母乳）拌匀，稍加热即可。

芝麻花生糊

原料：

黑芝麻10勺，花生仁10勺。

做法：

1. 黑芝麻、花生仁分别炒香后，研磨成粉末状，分别装瓶备用。
2. 要食用时，各取适量同放入碗中，加开水调成糊状即可。可加少量砂糖调味。

◇芝麻花生糊

肝泥粥

原料：

猪肝20克，大米20克，水250毫升。

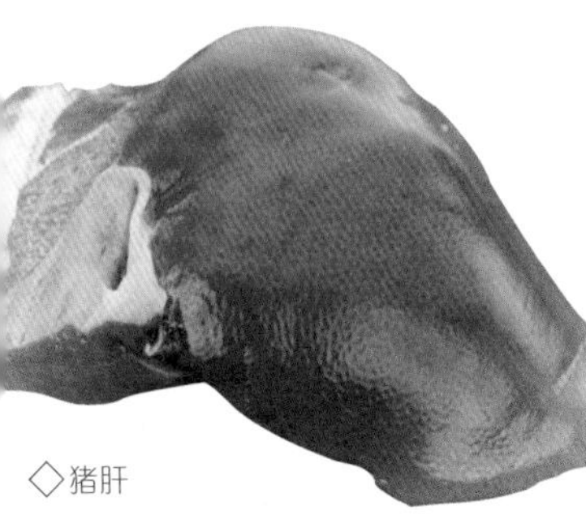
◇猪肝

做法：

1．将猪肝洗净、去膜筋、剁碎成泥状；大米洗净。

2．大米加水煮开后，改文火加盖焖煮至烂，拌入猪肝泥再煮开即可。

胡萝卜泥粥

原料：

胡萝卜30克，大米50克。

做法：

1．胡萝卜洗净，蒸熟捣成泥；大米洗净。

2．大米入锅加适量水煮粥，粥熟后倒入胡萝卜泥，搅匀稍煮10分钟即可。

海带汤

原料：

干海带4条。

做法：

1．海带先用清水泡开、洗净，再切成3厘米见方的片状。

2．海带块放入锅内，加入6杯冷水，武火煮30分钟左右。煮沸后撇去表面的浮沫，转文火再煮10分钟左右。倒出汤水即可食用。

◇海带

白萝卜鱼肉泥

原料：

鱼肉30克，白萝卜丝2大匙，海带汤少许。

做法：

1．鱼洗净、去鳞，放热水中煮一下，除去骨刺和皮后，碾碎。

2．鱼肉与白萝卜丝同放入锅内，加入海带汤一起煮至糊状即可。

鸡肝粥

原料：

鸡肝50克，大米粥1碗。

做法：

1．鸡肝洗净，沸水中焯去血沫后，去薄膜，再加少量水蒸10分钟。

2．蒸好的鸡肝捣烂，放入大米粥中，大火煮沸后改小火稍煮即可。

鱼肉松粥

原料：

大米25克，鱼肉松15克，菠菜10克，清水250毫升。

做法：

1.大米熬成粥。

2.菠菜用开水烫一下，切成碎末，与鱼肉松一起放入粥内小火熬几分钟即成。

杂粮粥

原料：

核桃肉、番薯各20克，小米10克，大米30克。

做法：

1.洗净全部材料。

2.核桃肉和番薯蒸熟捣烂；大米、小米同入锅，加适量清水煮粥，粥成时倒入核桃肉和番薯，拌匀后再煮15分钟即可。

◇豆腐

牛奶豆腐

原料：

豆腐1大匙，牛奶1大匙，肉汤1大匙。

做法：

1.豆腐放沸水中煮熟，过滤，再入锅。

2.倒入牛奶和肉汤，混合均匀后用文火煮，煮熟后可以撒上一些青菜末。

南瓜面条

原料：

新鲜南瓜20克，儿童面条50克。

做法：

1.南瓜去皮、去瓤蒸熟后，用勺背压成泥。

2.儿童面条入沸水锅中煮熟。

3.南瓜泥入锅中，小火稍煮，倒入面条和少量水，混合均匀后再煮2分钟即可。

鱼肉青菜糊

原料：

鱼肉50克，青菜50克，土豆30克，肉汤1小碗。

做法：

1.鱼肉煮熟去刺切碎，土豆去皮煮熟后捣成泥，青菜洗净切末。

2.锅内加肉汤煮沸，改小火后倒入鱼肉、土豆泥、青菜末，边煮边搅拌成糊状即可。

西红柿鱼肉泥

原料：

鱼肉1大匙，切碎的西红柿丁2小匙，汤少许。

做法：

把鱼肉放入热水中煮熟后除去刺和皮，然后和汤一起放入锅内煮，片刻后加入切碎的西红柿丁，再用文火煮至糊状。

◇西红柿

四、10~12个月：逐步断奶

＊ 喂养要点

宝宝已经长出了4～6颗乳牙，咀嚼比较熟练，食量也逐渐增大，此时母乳或牛奶已经无法满足宝宝所需要的全部营养。如果宝宝对咀嚼食物产生兴趣，并且一次的辅食量可以达到2/3碗的话，就可以进入后期辅食阶段了。从10个月起，辅食将正式成为主食，而母乳或牛奶则成为辅助性食品。

辅食要合理搭配，注意营养结构。最好每餐都有肉类、蔬菜、水果，主食是稠粥、挂面等，品种不要单一。可以把宝宝放在有靠背有护栏带桌子的椅子上，与大人一起吃饭，营造一种良好的吃饭氛围，培养好的饮食习惯。吃饭时，给宝宝一点适宜吃的菜，或者对某种食物表示出赞赏的态度，都能让宝宝喜欢上吃饭。每天喂3次辅食，若宝宝表现出兴趣的话，可以让他自己拿勺子或者用手拿着吃，即使此时宝宝还会因不熟练而将食物撒得到处都是，也千万不要责骂他。除了早晚喂奶，其他时间最好不要喂，因为宝宝哭闹而增加母乳喂养次数容易使宝宝形成依赖心理，不利于辅食的添加。晚上睡觉前要把宝宝喂得饱饱的，不然凌晨宝宝会饿醒。如果宝宝辅食吃得很少，一直吵着要吃母乳，为了宝宝的营养着想一定要逐渐少喂母乳，想方设法制作多种多样的辅食让宝宝吃。宝宝吃多吃少均可，不要盲目认为吃得多就是身体健康，只要宝宝精神好，每天摄入的总量无明显变化，体重继续增加即可。当宝宝对添加的食物做出古怪表情时，妈妈一定要耐心，可能要接触多次宝宝才能接受。

所谓断奶，并不是不让宝宝吃任何乳品，而是让乳品特别是母乳不再成为主食。作为补充钙质和其他营养成分的食品，还是要每天让宝宝饮用牛奶，且奶量不低于250毫升。食物制作上可以花样多一点，提供小饺子、小馄饨、小包子等类似成人的食品。当然，考虑到宝宝的发育特点，制作方式还是要精细一些，如饺子皮要薄，饺子馅要剁碎一些。断奶后，谷类食品成为宝宝的主食和主要热量来源，同时要合理搭配动物性食品和蔬菜、水果、豆制品等，还要注意补充水分。

◇包子

即使宝宝适应辅食的速度较慢，也不要强行减少哺乳量，增加辅食量。揠苗助长是行不通的，可以过完周岁后再来调节母乳和辅食的数量。

一日三餐为主，早晚母乳或配方奶

为辅，食物依然需要制作得细、软、清淡一点。每个宝宝的身体状况和喂养情况不同，所以断奶的时间也不同。一些还没有断奶的宝宝，父母也不要过于着急，可以再延长喂奶的时间，但最晚不要超过18个月。保证蛋白质、谷物、肉类和蔬菜、水果的搭配，注意营养均衡。如果正处于春天或秋凉季节，可以考虑断奶。

此时期的宝宝极具探索欲，对周围的事物充满了好奇，并开始对食物的色彩和形状感兴趣，如一个外形像小兔子的面包就比一个普通的面包更能引起宝宝的食欲。因此，应使食物外表看起来美观、有趣，以吸引宝宝。

◇面包

点心可以作为辅食之间的零食让宝宝拿着吃，量不要太多，也不要选择油腻的、甜的食品如巧克力。除了硬硬的酥脆饼干和糖果外，一般的薄饼、面包片宝宝都可以吃了。吃完点心后要记得喝水，以清洁口腔。临睡前绝对不要给宝宝吃点心，否则会导致龋齿、消化不良等。

* 变化食物形态

此时的宝宝基本具有咀嚼能力，也喜欢上咀嚼，食物的形态如下：

稀米粥过渡到稠米粥或者是水稍多的软饭；

面糊过渡到挂面、面包；

肉泥过渡到碎肉；

菜泥过渡到碎菜。

* 何时适合断奶

如果宝宝饮食已成规律，食量和品种增多，营养供应能满足身体生长发育的需要，便可以考虑断奶。最容易断奶的时间是宝宝8～10个月大。断奶最好选择春秋两季，在宝宝身体健康时断奶。夏季宝宝食欲差，且容易发生消化道疾病；冬季宝宝的活动少，抵抗力较差，传染病和流行性疾病较多，不宜断奶。用药物或者辣椒水、黄连、万金油涂乳头的方法来强迫宝宝不喝母乳，会给宝宝造成精神刺激。妈妈为了给宝宝断奶而暂时母子分开，则宝宝精神上受到的打击更大。

平时喂奶时不要总是妈妈一个人忙活，让爸爸等其他亲密的人也参与进来，这样在断奶时，宝宝比较容易适应。真正断奶需要的时间其实也就是两三天，一过去宝宝就会很快适应以粥等为主食、配方奶等代乳品为辅的生活了。

专家经验谈

断奶后为防止脾胃功能失调而导致消化不良，可在点心中加入山药、红枣、陈皮等健脾理气食物。

* 食谱

◇鸡肉

香菇鸡肉粥

原料：

去皮鸡肉30克，大米50克，水发香菇2朵，青菜1根。

做法：

1. 大米洗净，鸡肉洗净后剁成肉泥，香菇、青菜洗净后切碎。
2. 大米加水煮粥，沸后加入鸡肉泥、香菇末，粥快熟时倒入青菜末，煮熟即可。

平菇炖豆腐

原料：

豆腐1/3块，平菇20克，肉汤适量。

做法：

1. 豆腐和平菇各洗净、切小块。
2. 将肉汤煮开，放入豆腐块和平菇块，煮熟即可。

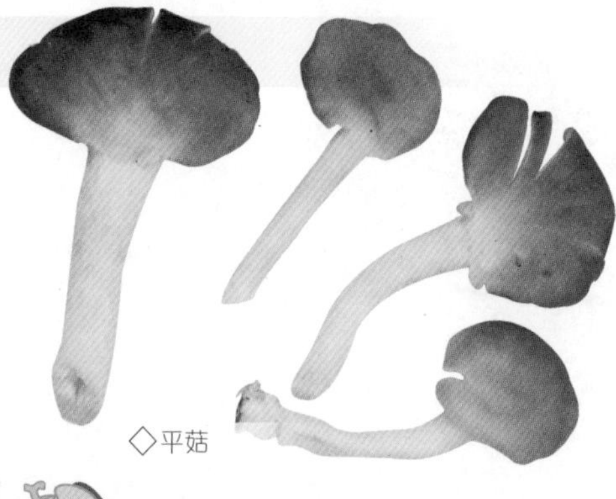
◇平菇

◇豌豆鸡脯粥

豌豆鸡脯粥

原料：

豌豆10克，鸡脯肉20克，饭小半碗，水大半杯。

做法：

1. 豌豆洗净，开水烫熟，沥水。
2. 鸡脯肉去油脂和血管后剁碎，入锅炒成半熟。
3. 再加入米饭，倒入豌豆，搅拌均匀后加水煮沸，待锅中米粒化开后再稍煮片刻即可。

鸡蛋汤

原料：

鸡蛋 1 个，肉汤 1 小碗。

做法：

1. 把肉汤倒入锅中加热后改为文火熬。
2. 把鸡蛋整个打入肉汤中，煮至蛋黄成固体即可。可在鸡蛋半熟时撒上碎菜同煮。

菠菜鸡蛋饼

原料：

菠菜30克，鸡蛋1个。

做法：

1. 菠菜洗净，焯烫熟后沥干水分，切碎末。
2. 鸡蛋打散搅匀，加入菠菜末拌匀成糊状。
3. 平底锅内加油烧热，调入鸡蛋菠菜糊，均匀地煎熟即可。

鸡蛋羹

原料：

鸡蛋1个。

做法：

1. 鸡蛋打散、搅匀。
2. 加入蛋液量一半的水，蒸5～8分钟即可。

猪肉蛋饼

原料：

鸡蛋200克，猪肉50克，植物油少许，葱花、蒜末、番茄酱、盐、糖各适量。

做法：

1. 将鸡蛋打入碗中放少许盐，打散待用。
2. 猪肉洗净，切末，待用。
3. 将蛋液入油锅摊成厚薄均匀的饼状，两面略金黄，熟后盛入碗中。
4. 炒锅中放少许油，放入葱花、蒜末煸香。再放入适量番茄酱及少许汤汁，煸出红油后放入肉末煸炒，加盐、糖炒至肉末熟透后盛入蛋饼中即可。

◇鸡蛋

土豆肉饼

原料：

肉末2大匙，熟土豆泥1大匙，西红柿碎1勺，盐、植物油少许。

做法：

1. 将肉末与土豆泥混合，并放入少许植物油搅拌均匀，做成一个肉饼。
2. 将肉饼放入烧热的油锅，用文火煎至双侧成金黄色，放入盘中，将西红柿碎撒放在上面即可。

奶味土豆泥

原料：

半个土豆，母乳或牛奶2大勺。

做法：

1. 土豆洗净、切块、煮熟，并碾成泥状。

2. 将母乳或牛奶倒入土豆泥，搅拌均匀。可以随意做成喜欢的形状食用。

胡萝卜肉末土豆糊

原料：

胡萝卜50克，肉末、土豆泥各1勺。

做法：

1. 胡萝卜洗净、去皮、切块，蒸熟后压成泥，与土豆泥、肉末拌匀。

2. 将胡萝卜土豆肉泥放在盘子里，入锅蒸熟即可。

番薯鱼肉饭

原料：

番薯30克，鱼肉20克，蔬菜少许，饭2/3碗。

做法：

1. 番薯去皮切成0.5厘米见方的块状，煮熟，加水碾成糊状。

2. 鱼肉去刺，用热水烫过。蔬菜洗净，切碎。

3. 将饭倒入小锅中，再将番薯泥、鱼肉及碎菜放入小锅一起煮熟即可。

◇番薯

芝麻芋头粥

原料：

芋头半个，黑芝麻粉1勺，大米30克。

做法：

1. 芋头去皮切块，蒸熟捣成泥；大米洗净。

2. 大米入锅加适量清水煮粥，粥熟时倒入芋头泥搅拌，再倒入黑芝麻粉，边搅拌边煮，续煮片刻即可。

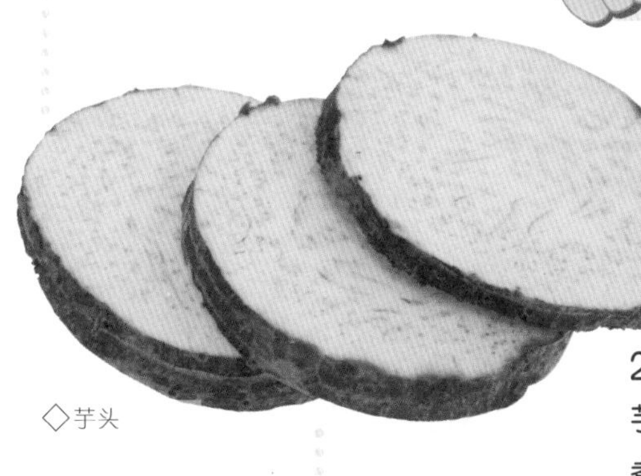

◇芋头

迷你番薯丸

原料：

番薯100克，无盐黄油10克，牛奶1勺。

做法：

1. 番薯洗净去皮切片，入锅蒸熟。
2. 蒸熟的番薯片趁热放入平底锅内，加黄油待溶化后，倒入牛奶拌匀成泥状。
3. 将番薯泥团成丸子，放入盘中即可。

◇迷你番薯丸

栗子粥

原料：

栗子5颗，大米30克，排骨汤1大碗。

做法：

1. 栗子肉煮熟、去皮、捣烂；大米洗净。
2. 大米和排骨汤同入锅，大火煮沸后倒入栗子肉，改小火煮熟即可。

◇栗子粥

梨汁粥

原料：

雪梨1个，大米50克。

做法：

1. 雪梨洗净去皮和去核切块，加水煮约半小时，去渣取汁。
2. 大米洗净放入梨汁中，大火煮沸后改小火续煮至熟即可。

◇梨汁粥

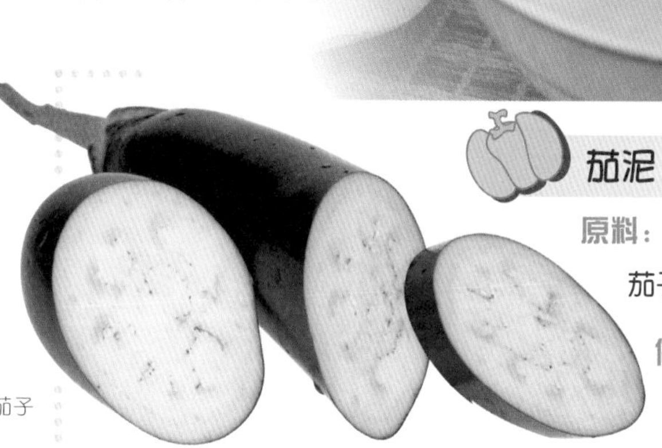

◇茄子

茄泥

原料：

茄子半个，麻油、盐各少量。

做法：

1. 茄子切成块状，煮熟后碾成泥。
2. 放凉后加入麻油、盐拌匀即可。

南瓜菠菜面

原料：

南瓜30克，菠菜叶10克，宝宝面适量。

做法：

1. 南瓜去皮切块和蒸熟捣烂；菠菜叶洗净，切末。
2. 宝宝面入锅加水煮至快熟时，倒入南瓜泥、菠菜末，小火续煮至熟即可。

专家经验谈

汤泡饭是将米粒都泡在汤水里，宝宝不用细细咀嚼就可以直接咽下去，不仅没有吸收到营养，还会对宝宝的消化能力造成不良影响。

◇鱼肉

鱼肉泥

原料：

鱼肉50克，胡萝卜30克，高汤1碗。

做法：

1. 胡萝卜去皮和切丁煮熟，压成泥状。
2. 鱼肉放高汤中煮熟后，压成泥状。
3. 鱼肉泥再和高汤入锅，倒入胡萝卜泥，大火煮沸后改小火稍煮即可。

玉米绿豆粥

原料：

玉米20克，绿豆20克，大米50克。

做法：

1. 绿豆用清水泡开，玉米洗净切碎，大米洗净。
2. 大米入锅，加适量清水大火煮沸后改小火续煮至粥成，倒入绿豆和玉米，煮熟即可。

第二章 1~3岁食谱

一、成长特点

（一）1岁至18个月

＊ 成长概述

1周岁的幼儿体重约为出生时的3倍，身高为出生时的1.5倍，大多已经长出了6～8颗牙齿，咀嚼功能和胃肠的消化能力也日益增强。

语言能力较以前有了很大的进步，能理解大人言语的意思。在18个月时，虽然语句说的可能不那么完整，但宝宝已经会说很多话，足以表达自己的需求了。

此时的宝宝大多可以独立行走，活动范围随之扩大。手和眼的配合能力提高，对周围的一切充满好奇，喜欢模仿。在大人的帮助下，会把简单形状的东西放入模型中。喜欢盖盖子、搭积木，可以搭起3块积木。会翻书，但可能是一次翻过很多页，而不是一页一页地翻。喜欢看图画，会指着图画并拍打。喜欢把小东西放入容器中再把它们倒出来。喜欢和大人一起看图书讲故事，让宝宝自己选择讲哪本书中的故事，即使这个故事已经讲了100遍，宝宝依旧保持极大的兴趣。你越不让他做什么，他就越对什么事感兴趣，所以一定要确保宝宝生活环境的安全。

宝宝个性已经比较明显，或文静或活泼，都会有自己的情绪和小脾气。大人要耐心地对待宝宝的哭闹或无理要求，可采用转移宝宝注意力或让其尽情哭的方式，不要暴躁或揍打。

＊ 饮食注意

随着身体发育的需要，营养应主要从一日三餐中摄取，乳类已不能满足幼儿营养的需求，此时应该成为辅助食物。饮食形式应由半流质饮食过渡到软食，如烂饭、碎菜等。

适量摄入蛋白质，水产品、肉类、蛋、豆类都含有丰富的优质蛋白质，可以采用炖汤、煮粥、做羹等烹调方式。乳类每天喂500～700毫升，就可以满足发育所需要的蛋白质、维生素D等营养。

宝宝现在应该和大人一样，有规律地进食三餐。也可以和大人一起吃饭，但还不能吃大人的食物。正餐之间可加2次点

饼干

心，如糕点、饼干、水果等。点心分量要少，尽量避免过分油腻或热量大的食物，以免影响正餐。

食物要新鲜、清洁、碎、软，避免生吃海鲜、蔬菜，也不要吃太过刺激性的食物如辛辣、烧烤、腌渍类食物。虽然咀嚼能力有所加强，但还是要小心进食块状食物（如肉块、香肠、果冻、葡萄、苹果块、梨块等），以防噎住发生意外。果肉可以切成条状，让宝宝自己抓住咬着吃。

◇奶酪粥

满1岁以后，可以给宝宝食用奶酪了。奶酪味道香浓，富含钙质，是优良奶制品。选购时注意看营养成分表，看脂肪含量，选择日期较近且储藏较好的。若脂肪含量高，则肥胖宝宝要少吃，或选择低脂的。可直接拆开给宝宝吃，或是掺在米糊、面条、粥里，溶化后搅拌好给宝宝吃。

中医认为，小儿的生理特点是生机旺盛，脏腑娇嫩，气血未充，选择药膳着重在养，以饮食为主，做到营养充足，合理多样，保证其正常发育的需要，特别注意用血肉有情之品填充脑髓，益智健脑。一般生长发育正常的小儿，无需刻意服用补药，只有禀赋薄弱、体虚多病、生长迟缓者，可以适当服用补益药膳。

专家经验谈

偏食肥肉等油腻食物，大便颜色发亮，油乎乎的。这是由于肥肉等含脂肪多，肠黏膜受到过多脂肪酸的刺激，蠕动加快。

专家经验谈

用拇指腹按揉宝宝的大拇指指腹，每天100～200次，有助于宝宝补养脾胃，使脾胃功能变好。

1～2岁宝宝每天食物摄入品种数量表 （单位：克）

食物品种	谷物类	动物食品	乳类	蛋类	豆制品	蔬菜	糖和油
分量	100～150	50～75	250～500	50	25～50	50～100	10～15

（二）18个月至2岁

＊ 成长概述

18个月的宝宝出牙为10～16颗，走路稳，有时还会跑。宝宝喜欢玩球，会随着音乐晃动身体，还不停地打开和关上所有可以按动的开关或按钮。此时的宝宝在大小便之前已经知道要叫人，这说明宝宝已经有了一定的自控能力，可以训练宝宝大小便时自己去找便盆坐下，并逐渐形成习惯。

宝宝记忆力和想象力也有所发展。知道东西不见了，可能是藏起来了，会另找地方寻找。还可能会有一些特别的生活习惯，比如特别喜欢一个玩具，或是喜欢嘬大拇指。这些都是宝宝的心理需要，以此来安定自己的情绪。除了吃手的习惯之外，其他不必强迫宝宝纠正。

这个时期的宝宝已经知道做什么事爸爸和妈妈会不高兴，还有了一定的是非观念，很喜欢纠正大人的错误。词汇不断丰富，一般都能说20～30个词语，语言能力强的宝宝说出的词语可能还会超过100个。很多宝宝已经会把两个词语组合在一起用了，并更多地自言自语地说一些别人听不懂的话。

喜欢自作主张，越来越多地抗拒大人的管束。要正确对待宝宝这种独立意识的萌芽，不能一味盲从，也不能粗暴否定，要有原则、立规矩，也要尊重宝宝的个性发展。

＊ 饮食注意

宝宝现在的饮食规律应该是三餐一点心，三餐时间和大人同步，点心时间最好安排在下午，量不要太多，以免影响正餐。正餐是以粮食、蔬菜、肉类为主的食物，要注意营养均衡和易于消化，不能完全吃大人的饮食。粗粮、细粮都可以吃，主食可选用软米饭、粥、面条、馒头、饺子、包子等。零食是糕点、水果、酸奶之类的奶制品等。

◇酸奶

牛奶仍不可或缺，每天的摄取量要保证在250～500毫升，但也不能过量。

多吃新鲜蔬菜，可加工成软烂细碎的菜末炒熟拌在饭里。适量从肉类、鱼类、蛋类、豆类中摄取蛋白质。

（三）2～3岁

＊ 成长概述

出牙为16～20颗，头围约47厘米，胸围大于头围，胸围和头围的平均差数约等于宝宝的年龄数。身体能够得到很好的控制，可以坐、爬、走、跑、跳等，还可双脚离地跳高，自己上下楼梯，在走路时能避开障碍物。手的灵活性得到进一步提高，熟练搭积木、开螺口瓶盖等，能自己用勺子吃饭，会洗手、穿脱衣服。

知道日常用品的名称和用途，会使用“一点儿”等副词来更精确地表达自己的意思。具有想象力，如能把圆的东西想象成太阳等。基本上能和成人无障碍地交流，喜欢提问题。在做好事情时，会有自豪感。

大人要教育宝宝正确、礼貌地与他人交流，不要过分迁就也不要敷衍对待。注意家居安全，以防发生事故。

* 饮食注意

一般来说，宝宝的进食次数随着年龄的增长而逐渐减少，也就是说，年龄越小，进餐次数越多。2～3岁的宝宝，每天吃4～5顿饭。早饭要吃好，一般以面包、糕点、鸡蛋、牛奶、稀饭等配以小菜，营养要占全天总热量的25%左右；午饭应最丰富，量也最多，应食用米饭、馒头、肉末、青菜、动物肝脏、豆腐、菜汤等，营养要占全天总热量的35%；点心可适量加点牛奶或豆浆、水果、饼干等，占全天总热量的10%左右；晚饭要吃得清淡，如烂饭、面条、青菜、浓汤等，要占全天总热量的30%左右。晚餐不要过饱，以免造成夜间睡眠不安。

◇面包

2～3岁宝宝每天食物摄入品种数量表 （单位：克）

食物品种	谷物类	动物食品	乳类	蛋类	豆制品	蔬菜	糖和油
分量	150～200	75～100	300	50	50	125～200	10～15

二、营养素解读

名称		主要功能	每天摄入量	食物来源
蛋白质		构成人体细胞和组织的基本成分，机体器官和组织新生、修复的原料	35~40克	肉、蛋、鱼、豆制品、谷类、乳类
脂肪		维持体温，提供热量，保护脏器，促进脂溶性维生素在体内吸收	30~40克	动植物油、乳类、肉、鱼、蛋
碳水化合物		人体活动、生长发育所需热量的主要来源	140~170克	谷类、豆类、水果、蔬菜
矿物质	钙	骨骼、牙齿生长的主要原料，抑制脑神经的异常兴奋	600毫克	乳类、蛋、鱼、豆、蔬菜、虾皮
	铁	造血的重要原料	10毫克	肝、蛋黄、蔬菜
	碘	合成甲状腺素	50微克	海产品、碘化盐
维生素	A	必不可少的微量元素，维持人体的正常生理功能和生长发育。维生素在人体内不能合成或合成不足，必须通过食物来摄取	1 000~1 333国际单位	动物肝脏、蛋黄
	B_1（硫胺素）		0.6~0.7毫克	豆类、粗粮
	B_2（核黄素）		0.6~0.7毫克	乳类、蛋黄、肝
	C		30~35毫克	新鲜蔬菜、水果
	D		400国际单位	鱼肝油、乳类、蛋黄、深海鱼类
	E		6国际单位	谷类、蛋类、蔬菜
水		人体最主要的组成成分之一	每千克体重125~150毫升	各种食物

◇豆类中富含蛋白质

* 蛋白质

蛋白质是构成人体组织、器官的主要物质，是酶、抗体和某些激素的主要成分。蛋白质可制造红细胞，避免贫血；可转换成抗体，帮助免疫系统对抗有害的细菌；可维持人体皮肤、指甲、头发等基本构造的健康。

蛋白质要从肉类、蛋类、鱼类、豆类中摄取。摄取不够的话，会出现抵抗力下降、贫血、容易疲劳、发育不良等现象。

* 碳水化合物

碳水化合物也叫糖类，包括了葡萄糖、果糖、蔗糖等，是人体热量的主要来源，最容易被人体吸收。它起到调节蛋白质和脂肪的新陈代谢、产生热量、维持大脑和神经系统正常运转的作用。

◇水果中含有碳水化合物

缺乏碳水化合物会导致宝宝容易疲劳，精神不振，能量不足。长期得不到足够的碳水化合物，有可能造成发育迟缓甚至停止。

过量摄取，则会影响蛋白质和脂肪的摄入和吸收，导致免疫力下降和身体虚胖。

* 脂肪

脂肪参与了人体内所有细胞的界面膜的构成，可以提高免疫功能。脂肪还可提供热量，帮助脂溶性维生素和胡萝卜素吸收，调节免疫系统。脂肪物质是构成脑的重要原料，但其中有近50%不能由人体自身制造，必须从食物中摄取，如被称为“必需脂肪”的含有健脑营养成分的不饱和脂肪酸，主要有亚油酸、亚麻酸、花生烯酸3种。脂肪还可以促进脂溶性维生素的吸收，如维生素A、维生素D、维生素E和维生素K。不饱和脂肪酸维持细胞弹性与润滑，帮助白血球维持正常功能。

脂肪摄入量过少会使头发、指甲易断裂，会影响大脑发育，导致皮肤干燥、水肿等。

* 维生素

维生素A能帮助骨骼和牙齿生长，保护眼睛和鼻咽喉黏膜。缺乏可导致夜盲症、发育不良、关节痛、贫血等。

维生素B能预防脚气病，促进肠道蠕动，预防水肿，缓和神经炎。缺乏易导致便秘、食欲不振、脚气病等。

维生素C能帮助钙和铁吸收，预防感冒，防止牙龈出血和坏血病。在促进脑细胞结构的坚固、消除脑细胞结构的松弛方面起较大作用。缺乏会导致骨骼不全、牙齿易脱落、关节肿痛等。

维生素D能帮助人体对钙的吸收，促进宝宝骨骼发育。缺乏会阻碍钙的吸收，易得佝偻病。

维生素E能防止细胞氧化，帮助伤口愈合，加速血液循环。缺乏会出现老化、血流不止等。

专家经验谈

维生素可以分为脂溶性维生素和水溶性维生素：维生素A、维生素D、维生素E、维生素K是脂溶性维生素，维生素B_1、维生素B_2、维生素B_6、维生素B_{12}、维生素C、泛酸、叶酸、烟酸、胆碱和生物素是水溶性维生素。

◇柠檬

* 矿物质

钙能促进牙齿和骨骼发育，镇定神经，帮助肌肉收缩，预防骨质疏松。缺乏会导致生长迟缓、牙齿易脱落等。

铁是组成人体血红蛋白的重要成分，可增强人体抵抗力。缺乏会产生贫血、皮肤发痒、伤口愈合慢、免疫力降低等不良症状。

锌能帮助伤口复原。缺乏会使食欲降低、影响神经、发育迟缓等。

磷是大脑生理活动必不可缺的矿物质元素，是脑磷脂、卵磷脂、胆固醇的主要成分之一。 缺乏会使智力明显下降。

铜是大脑神经递质的重要成分。缺乏可导致神经系统失调，大脑活力下降。

镁和智力发育有密切关系，可以加速肾上腺皮质激素的生物合成。

碘是合成甲状腺素的重要物质，而甲状腺素缺乏会影响机体正常发育。

三、季节饮食特点

◇甘蔗荸荠汤

* 春季饮食

春季的食疗，唐代医家孙思邈提出调味“省酸增甘，以养脾气”，即少食酸味食物，多吃甜食，以防肝旺克脾。春季宜助肝生发，以养脾；饮食宜清淡，忌油腻厚味食物。要食用性味甘凉的食物。

◇菊花脑

性味甘平或有疏肝作用的药物和食物有：茯苓、山药、薏苡仁、大麦、高粱、莲子、胡萝卜、菠菜、银耳、木耳、茄子、冬瓜、丝瓜、罗汉果、鸭蛋、荠菜、马兰头、芹菜、小白菜、荸荠、菊花脑、黄豆、枸杞苗等。

◇薏苡仁、红豆

* 夏季饮食

夏季饮食以甘寒清凉为宜，再适当地加些清心火的食物，以防中暑。另外，夏天多数人食欲减退，脾胃功能较为迟钝，故此时应以“清淡甘平”为原则，多食有助于开胃消食；而肥甘腻补之物，易致呆胃伤脾、影响营养消化吸收，有损健康。

夏令甘寒清补之品有：西瓜、黄瓜、绿豆、冬瓜、丝瓜、西红柿、苋菜、甘蔗、荸荠、马兰头、莲藕、桃子、柠檬、椰子、胡萝卜、桑葚、杨梅、鳝鱼、玉竹、百合、薏苡仁、黄精、石斛、麦冬、沙参、太子参、西洋参、枸杞等。

◇玉竹

* 秋季饮食

秋天应选择甘润养肺类食品，既不可过热，又不能太凉。同时，少食辛味，以免肺气过旺而克肝；多食酸味，以助肝气，可以抵御肺旺的克伐。酸味与甘味相合，则可化生阴津以濡润秋燥。

秋季制作膳食常选的药物和食物有：百合、沙参、麦冬、阿胶、石斛、银耳、甘蔗、柿子、梨、荸荠、菠萝、香蕉、花生、泥鳅、鹌鹑蛋、山药、葡萄、橄榄、猪肺、茼蒿、黑木耳、无花果、乌梅、罗汉果、枇杷、柿饼、紫菜、蘑菇、橙子等。

◇百合粥

* 冬季饮食

冬季药膳尤其要注意温补肾阳，以助肾藏精气，从而化生气血津液，促进脏腑的生理功能。

可以食用厚味的食物，以增加营养和热量。

选用的食物性宜温，忌寒凉。温热食物如芝麻、黑豆、核桃、栗子、虾仁、牛肉、羊肉、狗肉、桂圆、红枣等。

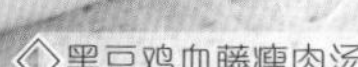

◇黑豆鸡血藤瘦肉汤

四、食材食谱

（一）谷物类

作为主食，谷物是人们摄取能量和蛋白质的主要来源。人们以植物性食物为主的饮食习惯，是符合营养科学的。

大米

大米——补益中气

【选购】以米粒整齐有光泽，干燥无虫少沙，气味清香者为佳。籼米粒较细长，黏性较小，胀性大；粳米形较圆短，黏性强，胀性小。

【性味归经】味甘，性平。入肺、脾、胃经。

【功用】滋阴润肺，健脾和胃。用于烦热口渴、脾虚泻泄、腹胀食少、消化不良等。

【用法】蒸食、煮粥或者配制药膳、药粥等。

【宜忌】内寒者少食。

【营养成分】所含蛋白质主要是米精蛋白，氨基酸的组成比较完整，人体容易消化吸收。含有水溶性食物纤维，常食可预防动脉硬化。所含的优质蛋白质可使血管保持柔软，达到降血压的效果。

（以每100克食物计算）

蛋白质	7.7克	脂肪	0.6克	碳水化合物	77.4克
硫胺素	0.16毫克	核黄素	0.08毫克	钙	11毫克

蛋包饭

原料：

米饭1小碗，胡萝卜末、洋葱末、碎西红柿各2小匙，鸡蛋半个，植物油、盐各少许。

做法：

1. 鸡蛋打散、搅匀后放平底锅内摊成薄片，盛起备用。
2. 将胡萝卜末、洋葱末用少许油炒熟，放入米饭和西红柿，加少许盐炒匀。
3. 将混合好的米饭平摊在蛋皮上，卷成长条状，然后切成一段段的小卷。

适宜年龄：

18个月以上。

营养解读：

好看美味，营养均衡。

蛋包饭

多宝饭

多宝饭

原料：

百合、莲子、薏苡仁、枸杞子、青豆、核桃仁、红枣各50克，糯米100克，大米100克。

做法：

1. 糯米、大米淘净，混合。
2. 将百合、莲子、薏苡仁、枸杞子、青豆、红枣放入米中一同蒸熟。
3. 饭煮好后倒入核桃仁，拌匀即可。

适宜年龄：

18个月以上。

营养解读：

色泽漂亮，含有丰富的卵磷脂、碳水化合物和维生素，让挑食的宝宝爱上吃饭。

糯米——暖胃佳品

【选购】以饱满、色泽白、没有杂质、霉变和虫蛀者为佳。

【性味归经】甘，温。入脾、胃、肺经。

【功用】补中益气，温暖脾胃。对食欲不佳、尿频、盗汗有较好的效果。

【用法】煮粥、做米制品。

【宜忌】糯米及其制品较难消化，勿食过多。

【营养成分】富含B族维生素，能温暖脾胃、补益中气。

(以每100克食物计算)

蛋白质	7.3克
脂肪	1克
碳水化合物	72.4克
硫胺素	0.11毫克
核黄素	0.04毫克
钙	26毫克

专家经验谈

制作甜食时，用糯米粉来代替水淀粉勾芡，味道会更好。

糯米

苹果粥

◇苹果粥

原料：

苹果半个，糯米50克。

做法：

1. 苹果去皮洗净切小块，糯米洗净后浸泡。
2. 糯米连水一同放入锅中煮至七分熟时，放入苹果块用小火煮熟。

适宜年龄：

1岁以上。

营养解读：

益气生津，防止消化不良、便秘。

藕粉糯米糕

原料：

藕粉200克，糯米粉250克，砂糖150克。

做法：

1. 盆中倒入藕粉、糯米粉、砂糖，加水适量，和在一起揉成团。
2. 粉团放入蒸锅内蒸熟，食用时随意切片煮或煎。

适宜年龄：

18个月以上。

营养解读：

香甜可口，养胃补虚，可让宝宝拿在手上吃。

◇藕粉糯米糕

豆浆糯米羹

原料：

黄豆20克，糯米粉200克，砂糖少量。

做法：

1. 黄豆泡发，用豆浆机打成熟豆浆。
2. 豆浆入锅，小火煮沸后倒入糯米粉，边倒边搅拌，小火再煮沸。关火后加砂糖。

适宜年龄：

1岁以上。

营养解读：

1天分3次食用。健脾益气，可用于儿童肥胖症。

小米——养心安神

【选购】以颜色金黄有光泽、无杂质，气味清香者为佳。

【性味归经】甘、咸，凉。入肾、脾、胃经。

【功用】和胃益肾，除热解毒。防止消化不良，防止反胃、呕吐。

【用法】煮汤或煮粥。

【宜忌】素体虚寒、小便清长者少食。

【营养成分】不需精制，保存了较高含量的维生素和矿物质；富含色氨酸，含有容易被消化的淀粉，易被人体吸收。

专家经验谈

淘米时不要用手搓，忌长时间浸泡或用热水淘米。

桂圆小米粥

原料：

桂圆肉10颗，小米100克，砂糖少量。

做法：

1. 桂圆肉洗净，切碎；小米洗净。
2. 小米加水煮粥，煮熟后加入桂圆肉再小火煮沸，关火后加砂糖即可。

适宜年龄：

1岁以上。

营养解读：

益气安神，适合作为肥胖儿童的辅食。

蛋白质	9克	脂肪	3.1克	碳水化合物	75.1克
硫胺素	0.33毫克	核黄素	0.1毫克	钙	41毫克

(以每100克食物计算)

红豆小米粥

原料：

红豆30克，小米50克。

做法：

1.红豆、小米分别洗净。

2.红豆入锅加水煮熟后，再倒入水和小米一起煮，煮成稠粥即可。可加少量砂糖调味。

适宜年龄：

1岁以上。

营养解读：

营养吸收率高，安神，有助于睡眠。

◇红豆小米粥

牛奶小米粥

原料：

牛奶100毫升，小米50克。

做法：

1.小米洗净，清水泡约1小时。

2.锅内加水烧开，倒入小米小火煮约半小时，再倒入牛奶稍煮即可。

适宜年龄：

1岁以上。

营养解读：

安神补钙，可促进骨骼生长发育。

◇小米

黄豆——植物肉

【选购】以颗粒饱满完整、色泽金黄者为佳。

【性味归经】甘，平。入脾、大肠经。

【功用】健脾宽中，润燥消水。可用于食积泻痢、疮痈肿毒、外伤出血等。

【用法】做成熟食、豆浆食用，或研末外敷。

【宜忌】勿过量食用。

【营养成分】所含脂肪基本为不饱和脂肪酸，可提高免疫力，增强脑细胞活性；含有丰富的异黄酮，可预防乳腺癌，改善骨质疏松症；大豆蛋白质能明显降低胆固醇；必需脂肪酸含量高，对抗皮肤粗糙、头发枯黄，还可改善缺铁性贫血。

牛奶黄豆粥

原料：

牛奶100克，黄豆50克，大米100克。

做法：

1. 黄豆洗净，浸泡一夜。大米淘净。
2. 大米与黄豆同入锅加水煮成稠粥，再加入牛奶，小火煮沸即可。

适宜年龄：

1岁以上。

营养解读：

含有植物蛋白质，营养均衡，有利于生长发育。

(以每100克食物计算)

蛋白质	35克	脂肪	16克	碳水化合物	34.2克
硫胺素	0.41毫克	核黄素	0.2毫克	钙	191毫克

◇黄豆

◇黄豆炖排骨

黄豆炖排骨

原料：

黄豆100克，猪排骨200克，盐少量。

做法：

1. 黄豆泡发后，沥干；排骨氽水去血沫。
2. 锅中加水，放入排骨、黄豆，大火煮沸后转小火熬约1小时。
3. 出锅时加盐调味即可。

适宜年龄：

1岁以上。

营养解读：

富含蛋白质和脂肪，可促进生长发育。

豆皮三丝卷

原料：

豆腐皮1张，胡萝卜、黄豆芽、黄瓜各50克，芝麻油、盐各少量。

做法：

1. 胡萝卜、黄瓜切丝，与黄豆芽一同入沸水锅中焯烫后捞出，沥干水分，加盐、芝麻油拌匀。
2. 豆腐皮入沸水中下盐煮熟，捞出。
3. 将三丝均匀摊在豆腐皮上卷起来，再将豆腐皮卷切成马蹄形，下锅稍煎即可。

适宜年龄：

18个月以上。

营养解读：

卷豆腐皮时要卷紧，防止松散。本菜肴富含维生素、蛋白质和不饱和脂肪酸，有利于生长发育。

◇豆皮三丝卷

胡萝卜豆浆

原料：

豆浆300毫升，胡萝卜50克。

做法：

1. 胡萝卜洗净后，蒸熟切块，放入果汁机中搅打成胡萝卜汁。
2. 豆浆和胡萝卜汁一同入锅稍煮即可。

适宜年龄：

2岁以上。

营养解读：

兼具胡萝卜的甜和豆浆的香，含有丰富的卵磷脂，可明亮双眼。

◇豆腐

(以每100克食物计算)

蛋白质	8.1克
脂肪	3.7克
碳水化合物	4.2克
硫胺素	0.04毫克
核黄素	0.03毫克
钙	164毫克
钾	125毫克

豆腐——含钙量高

【选购】以切面整齐、无杂质、有清香者为佳。

【性味归经】味甘淡，性凉。入脾、胃、大肠经。

【功用】益气和中，润燥生津。用于脾胃虚弱之腹胀及水土不服所引起的呕吐。

【用法】煮、煎、做汤等。

【宜忌】小儿消化不良者不宜多食。

【营养成分】蛋白质含量高，含有不饱和脂肪酸和卵磷脂，所含胆固醇含量少，有助于降低血脂水平，预防动脉硬化。钙、钾含量高，有助于降低血压。

鸡肉蒸豆腐

◇鸡肉蒸豆腐

原料：

嫩豆腐1块，鸡胸肉30克，鸡蛋1个，生抽、麻油、水淀粉各适量。

做法：

1. 豆腐煮熟，沥水后切成小块放入盘里；鸡蛋打匀，取出一半蛋液备用。
2. 鸡胸肉洗净后剁成肉泥入盘，再加入蛋液、生抽、水淀粉拌成糊状。
3. 肉糊摊在豆腐上，中火蒸约10分钟即可。

适宜年龄：

1岁以上。

营养解读：

口感软，易消化。豆腐含有植物蛋白质，鸡肉含有动物蛋白质，搭配食用，提高了蛋白质的利用率，可促进生长发育。

缤纷豆腐

原料：

嫩豆腐1块，橘子4瓣，西红柿1/4个。

做法：

1. 橘子去皮，切碎；豆腐沸水烫熟，切小块。
2. 西红柿洗净，去皮、去籽、切丁。
3. 三者倒入碗中，拌匀即可。

适宜年龄：

1岁以上。

营养解读：

嫩滑的豆腐加上酸甜的橘子和西红柿，口味清淡易消化，热量不高，不含胆固醇，可提高免疫力。

豆腐煲

原料：

嫩豆腐100克，豆卜100克，盐、高汤、麻油各少量。

做法：

1. 豆腐洗净切小块，沸水烫熟后捞出。
2. 沙锅内放入豆卜、豆腐，加高汤、盐大火烧沸后，转小火慢慢煨，可加2～3滴麻油。

适宜年龄：

2岁以上。

营养解读：

鲜嫩可口，富有蛋白质、维生素、碳水化合物等营养物质，促进生长。

煎豆腐

原料：

豆腐1块，水发香菇2朵，葱末、盐、老抽少量。

做法：

1. 豆腐洗净切小块，香菇泡发后切末。
2. 锅内放油烧热后，倒入豆腐稍煎，盛出。
3. 锅内下油爆香葱末，倒入香菇末炒熟后，再倒入老抽和煎好的豆腐焖一会儿，出锅时加盐即可。

适宜年龄：

1岁以上。

营养解读：

豆腐含有丰富的钙，有益于生长发育。

◇豆腐煲

◇黑豆

黑豆——明目乌发

【选购】以颗粒完整、外表乌黑者为佳。

【性味归经】味甘涩，性平。入脾、肾经。

【功用】活血利水，祛风解毒，滋阴补血，安神明目，益肝肾之阴。可用于缓解小儿遗尿、黄疸、水肿等。

【用法】浸泡后煮粥煮汤。

【宜忌】炒黑豆不宜多食。

【营养成分】含大量优质蛋白质，且热量低；含异黄酮素、花青素，可抗氧化；膳食纤维丰富，促进肠道蠕动，预防便秘；不饱和脂肪酸含量高，可增强细胞活力。

(以每100克食物计算)

蛋白质	36克
脂肪	15.9克
碳水化合物	33.6克
硫胺素	0.2毫克
核黄素	0.33毫克
钙	224毫克

黑豆芝麻糊

原料：

黑豆50克，黑芝麻（炒熟）、花生仁各20克。

做法：

1. 黑豆水泡发后煮熟。
2. 黑芝麻和黑豆、花生仁一起，加水1 000毫升，放入料理机中搅打即可。

适宜年龄：

2岁以上。

营养解读：

富含不饱和脂肪酸，可预防心血管疾病，促进新陈代谢。

黑豆炖鸡

原料：

黑豆50克，鸡半只，莲子10颗，葱段、姜片各少量。

做法：

1. 鸡肉洗净切块，汆水后捞出；黑豆和莲子水浸2小时。
2. 鸡肉和黑豆、莲子、姜片、葱段同入锅，加水大火煮沸后小火续煮1小时，可加少量盐调味。

适宜年龄：

1岁以上。喝汤。

营养解读：

营养全面，富含抗氧化物质，可补肾明目。

◇鸡

◇黑豆饮

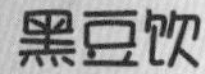

黑豆饮

原料：

黑豆30克，浮小麦30克。

做法：

1. 黑豆洗净，泡发。
2. 黑豆与浮小麦入锅加水煎煮，滤渣取汁，温饮。

适宜年龄：

4个月以上。

营养解读：

可以用来治疗小儿盗汗，但不宜多食。

绿豆——清热降火

【选购】以色鲜绿、颗粒饱满者为佳。

【性味归经】味甘，性凉。入心、胃经。

【功用】清热解毒，消暑利水。可用于暑热烦渴，感冒发热，水肿，泻痢，痈肿。

【用法】煮汤、煮粥，或研末外敷。

【宜忌】热天出汗多，新陈代谢旺盛，消耗大，而绿豆除了有清热、解暑、利尿等作用外，正好补充了人体的需要。脾胃虚寒、拉肚子者慎服。

【营养成分】有效清除胆固醇和脂肪，防止心血管病变。

绿豆解暑汤

原料：

绿豆、冬瓜、海带、荷叶各适量。

做法：

1. 各物洗净。
2. 加水大火煮沸后转小火煮约30分钟，加糖调味即可。

适宜年龄：

1岁以上。

营养解读：

可稍冰饮用。解暑利尿，适宜夏季饮用。

(以每100克食物计算)

营养成分	含量	营养成分	含量	营养成分	含量
蛋白质	21.6克	脂肪	0.8克	碳水化合物	62克
硫胺素	0.25毫克	核黄素	0.11毫克	钙	81毫克

◇绿豆

绿豆沙

原料：

绿豆50克，红糖少量。

做法：

1. 绿豆洗净、去杂，放入清水中浸泡至软。
2. 绿豆入锅，加500毫升水，大火煮沸后改小火熬煮。
3. 熬至绿豆熟烂开花，再加入红糖煮化即可。

适宜年龄：

1岁以上。

营养解读：

是夏季的消暑佳品，可清热利尿，也可作为婴儿感冒发热时的食物。

去痱汤

原料：

豇豆30克，绿豆20克，鲜荷叶10克。

做法：

1. 豇豆、绿豆洗净泡涨，荷叶洗净。
2. 豇豆、绿豆入锅加水500毫升，煮约15分钟后再加入洗净的鲜荷叶，煮5分钟后去渣取汤。可加少量砂糖调匀。

适宜年龄：

1岁以上。

营养解读：

待温饮用，适用于小儿夏季好生痱子、小疖肿等。

专家经验谈

绿豆可以解毒，包括酒精毒、药物毒等，尤其适用于食物中毒。

绿豆猪肝粥

原料：

绿豆50克，猪肝100克，大米100克，盐少量。

做法：

1. 绿豆洗净，浸泡几小时；猪肝洗净切薄片。
2. 绿豆和大米同入锅，加水煮粥。
3. 粥熟时倒入猪肝片，续煮1～2分钟，可加少量盐调味。

适宜年龄：

18个月以上。

营养解读：

具有养肝补血、清热明目的功效。

绿豆猪肝粥

豌豆——粉粉豆

【选购】以鲜嫩无虫蛀和无损伤者为佳。

【性味】味甘，性平。

【功用】益脾养中，生津止渴。可用于缓解小儿吐逆、水肿、疮痈等症。

【用法】煮汤、煮粥、油炸。

【宜忌】多食易腹胀。

【营养成分】富含纤维素，可保持大便通畅；含有较多铜、铬等元素，可帮助骨骼和大脑发育，维持胰岛素的正常功能；含有的胆碱、蛋氨酸可防止动脉硬化。

◇豌豆

(以每100克食物计算)

蛋白质	20.3克	脂肪	1.1克	碳水化合物	65.8克
硫胺素	0.49毫克	核黄素	0.14毫克	钙	97毫克

香酥豌豆

原料：

豌豆200克，姜末、蒜末各少量，盐适量。

做法：

1. 豌豆下锅炸至酥脆，盛起备用。
2. 烧锅下油，下姜末、蒜末及豌豆，翻炒片刻后调味即可。

适宜年龄：

2岁以上。

营养解读：

豌豆含丰富的铜元素，可补充机体内的微量元素，促进生长发育。

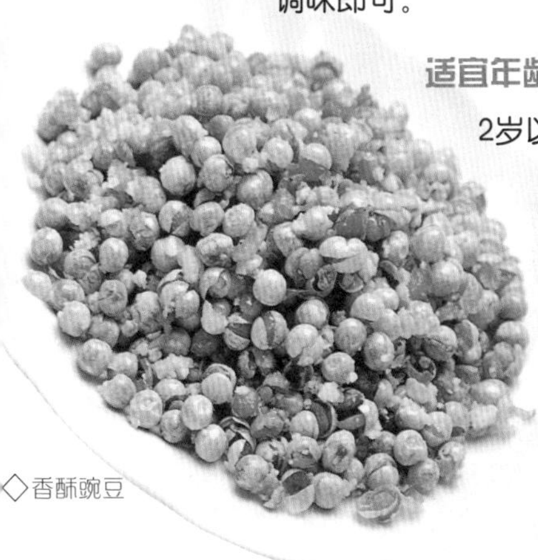

◇香酥豌豆

豌豆粥

原料：

豌豆20克，大米100克，小米50克。

做法：

1. 洗净全部材料。
2. 豌豆入锅，加清水适量，煮至熟时倒入大米，大火煮沸后再倒入小米。
3. 大火煮沸后改小火续煮至粥熟，可加砂糖。

适宜年龄：

1岁以上。

营养解读：

富含维生素，安神养心，可促进生长发育。

◇蚕豆

(以每100克食物计算)

蛋白质	21.6克
脂肪	1克
碳水化合物	61.5克
硫胺素	0.09毫克
核黄素	0.13毫克
钙	31毫克

蚕豆——降低胆固醇

【选购】 鲜品以颗粒大而饱满、皮薄触感细者为佳；干品以无发黑、无虫蛀者为佳。

【性味归经】 味甘，性平。入脾、胃经。

【功用】 健脾利湿，和胃止泻。

【用法】 炖煮、油炸。

【宜忌】 极少数人（男孩较多）在吃蚕豆后或吸入其花粉，可发生急性溶血性贫血，俗称“蚕豆病”。肠胃功能差者不宜多食。

【营养成分】 胆脂和磷脂能加强神经细胞传递，增强记忆力；膳食纤维，可促进肠道蠕动，通便。

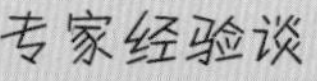

专家经验谈

婴幼儿肠胃消化能力不强，容易便秘，平时要少吃或不吃难以消化的食物，如油炸食物、柿子、巧克力等。

◇蚕豆

炒蚕豆

原料：

新鲜蚕豆100克，蒜末、盐各少量。

做法：

1. 蚕豆洗净。
2. 热锅下油，爆香蒜末，放入蚕豆稍炒，加1碗水盖上锅盖焖煮约5分钟。
3. 下盐，翻炒均匀即可出锅。

适宜年龄：

2岁以上。

营养解读：

粉粉的蚕豆夹杂蒜香，健脾利湿。

专家经验谈

治疗烫伤：蚕豆荚烧炭研末，外敷于患处。

不可生吃：食用生蚕豆后，可能会出现高烧、头痛、恶心等症状。

蚕豆去壳：将蚕豆及适量的碱同放入陶瓷碗内，加入热开水焖1分钟，即可轻松去壳，但切记要冲洗干净才食用。

炒蚕豆

玉米——保健杂粮

【选购】以新鲜、无霉蛀者为佳。

【性味归经】性平，味甘。入胃、大肠经。

【功用】调中开胃，降脂。

【宜忌】不宜多食。

【用法】煮熟、榨汁、煲汤。

【营养成分】膳食纤维含量高，可刺激胃肠蠕动；玉米胚芽所含的营养物质能增强人体新陈代谢功能，调节神经系统；含维生素B_6、烟酸等成分，刺激胃肠蠕动；富含维生素C等，有长寿、美容作用；鲜玉米中还含有赖氨酸和纤维素，对消除动脉中的胆固醇以及防癌抗癌有一定的作用。

◇玉米粒

(以每100克食物计算)

蛋白质	4克	脂肪	1.2克	碳水化合物	22.8克
硫胺素	0.16毫克	核黄素	0.11毫克	膳食纤维	2.9毫克

◇玉米蛋羹

玉米蛋羹

原料：

鸡蛋2个，玉米粒100克，排骨汤2碗，湿淀粉、盐各少量。

做法：

1. 鸡蛋打散搅匀。
2. 锅内加排骨汤煮开后，倒入玉米粒中火煮沸，下盐、湿淀粉勾芡，再倒入蛋液，煮沸后关火即可。

适宜年龄：

18个月以上。

营养解读：

含有膳食纤维和蛋白质，促进大脑发育。

◇玉米

玉米松饼

原料：

玉米粒300克，松子仁100克，面粉50克，盐少量。

做法：

1. 玉米粒和松子仁分别洗净。
2. 面粉加水调稀，倒入玉米粒和松子仁、盐，搅拌均匀。
3. 平底锅内加油，烧至七成热时，用勺子舀调好的面糊入锅，摊平，两面煎熟即可。

适宜年龄：

18个月以上。

营养解读：

香酥松脆，松子含有大量矿物质和脂肪酸，玉米健脑。

松子玉米炒鲜百合

原料：

玉米粒150克，松子仁100克，鲜百合4个，姜末、盐各少量。

做法：

1. 鲜百合去蒂剥开；松子仁下锅稍炸，捞起备用。
2. 烧热油锅，下姜末爆香，加入玉米粒、鲜百合，炒熟后加入松子仁、盐，再翻炒几下即可。

适宜年龄：

2岁以上。

营养解读：

开胃健脾，润肺清热。

◇松子玉米炒鲜百合

（二）水果类

水果中维生素和膳食纤维的含量很高，口感甜，可生吃，也可做菜。大多数宝宝都会喜欢吃。

荔枝——甘温益血

◇荔枝

【选购】以新鲜、表皮无斑点和无溢液、果粒饱满者为佳。

【性味归经】果肉味甘、酸，性温。入脾、肝经。

【功用】果肉益气补血，核理气散结止痛。

【用法】生食、煮汤。

【宜忌】不宜多食。皮肤易生疮疖者及胃热口苦者忌用。

【营养成分】天然葡萄糖含量高，可补血润肺。

荔枝大枣汤

原料：

荔枝干10颗，大枣10枚。

做法：

1. 荔枝干去壳，与大枣一同用清水浸泡20分钟。
2. 二物同入锅，加适量清水，大火煮沸后改小火续煮约20分钟即可。

适宜年龄：

1岁以上。

营养解读：

喝汤吃果肉，含有丰富的铁，可补铁生血，有利于生长发育。

◇荔枝

蛋白质	0.9克
脂肪	0.2克
碳水化合物	16.6克
硫胺素	0.10毫克
核黄素	0.04毫克
钙	2毫克
维生素C	41毫克

（以每100克食物计算）

荔枝粥

原料：

荔枝干10颗，山药50克，白术20克，姜片1片，大米100克。

做法：

1. 荔枝干去壳取肉，大米洗净。
2. 荔枝肉、山药、白术、姜片同入锅，加清水适量，大火煮沸后改小火煎汁。去渣取汁，备用。
3. 大米加水煮粥，粥成时倒入药汁，拌匀改小火再煮15分钟即可。

适宜年龄：

1岁以上。

营养解读：

健脾，可作为治疗小儿腹泻的辅助食疗。

◇桂圆

桂圆——益智果

【选购】以外壳无损伤、果肉透明、肉质清甜者为佳。

【性味归经】味甘，性平。入脾、心经。

【功用】补脾养血，益精安神。用于食欲不振、水肿等症。

【用法】鲜品去壳生食，干品可去壳后煲汤。

【宜忌】不宜多食。风寒感冒、消化不良、上火者忌食。

【营养成分】糖的含量很高，并有可以被人体直接吸收的葡萄糖；含有维生素P，可保护血管。

专家经验谈

桂圆果壳有收敛作用；果核止血，理气，止痛。

(以每100克食物计算)

蛋白质	1.2克	脂肪	0.1克	碳水化合物	16.6克
硫胺素	0.01毫克	核黄素	0.14毫克	钙	6毫克

桂圆猪心汤

原料：

桂圆肉（干品）20颗，猪心1个，大枣5枚，盐少量。

做法：

1. 猪心洗净切片，大枣洗净去核，桂圆肉洗净。
2. 三者同入锅，加适量清水，大火煮沸后改小火熬煮1～2小时，出锅时加盐即可。

适宜年龄：

2岁以上。

营养解读：

猪心有养心安神、补血养血的作用。本汤养心安神，可增强记忆力。

◇桂圆肉

桂圆百合粥

原料：

桂圆肉（干品）10颗，百合20克，大枣5枚，大米100克。

做法：

1. 全部材料洗净，大枣去核。
2. 四物同入锅，加适量清水，大火煮沸后改小火熬煮至粥成。

适宜年龄：

1岁以上。

营养解读：

安神益智，有利于大脑发育。

◇桂圆百合粥

◇桂圆核桃炒鸡丁

桂圆核桃炒鸡丁

原料：

桂圆肉30克，核桃仁50克，圆椒50克，鸡肉100克，姜末、盐各少量。

做法：

1. 桂圆肉泡发，鸡肉切丁，圆椒切小块。
2. 烧锅下油，下姜末爆香，加入全部材料，炒熟调味即可。

适宜年龄：

2岁以上。

营养解读：

营养均衡，有助于增强宝宝抵抗力。

苹果——智慧果

【选购】以果实饱满结实、表皮无损伤、有香气者为佳。

【性味归经】味甘，性凉。入肺、胃经。

【功用】补气健脾，生津止泻，解郁。

【用法】鲜食、做菜。

【营养成分】含有的可溶性果胶可防止便秘，促进肠道毒素释放；并有降低胆固醇，调整胃肠的功能；苹果酸和柠檬酸能够提高胃液的分泌；含有丰富的钾，可降低血压；锌含量高，可影响抗炎细胞的功能；可溶性纤维能调节机体血糖水平。

专家经验谈

将苹果连皮带核切块后，放在温水里面煮3～5分钟，取出晾温后让宝宝食用，可以缓解腹泻。注意食用时不可加糖，否则会加重腹泻。

(以每100克食物计算)

蛋白质	0.2克
脂肪	0.2克
碳水化合物	13.5克
硫胺素	0.06毫克
核黄素	0.02毫克
钙	4毫克
锌	0.19毫克
钾	119毫克
粗纤维	1.2毫克

苹果燕麦片粥

原料：

苹果1/4个，燕麦片50克，胡萝卜30克，牛奶150毫升。

做法：

1. 苹果和胡萝卜洗净后，切细丝。
2. 燕麦片和胡萝卜丝同入锅，倒入牛奶和适量清水小火煮。
3. 煮沸后倒入苹果丝，煮至熟烂即可。

适宜年龄：

1岁以上。

营养解读：

热量较低，可帮助消化，防止肥胖。

牛奶苹果粥

原料：

牛奶200毫升，苹果1个（约150克），大米100克，葡萄干适量。

做法：

1.苹果洗净、去皮核，切成薄片；大米淘净，按常法煮粥。

2.粥成时加入苹果片、葡萄干和牛奶，文火煮沸即成。

适宜年龄：

1岁以上。

营养解读：

含有丰富的维生素C和果胶、可溶性纤维，可促进消化、固齿。

苹果瘦肉汤

原料：

苹果2个，猪瘦肉200克，姜片、盐各少量。

做法：

1.苹果洗净去皮、去核、切块；猪瘦肉洗净后切块。

2.苹果块和猪瘦肉块、姜片同入锅，加适量清水大火煮沸后，改小火熬煮至肉熟，加少量盐调味即可。

适宜年龄：

18个月以上。

营养解读：

补血润肤，可用于儿童肥胖症。

梨——润燥化痰

【选购】以果形端正、肉质细致、有香气、外皮无损伤者为佳。

【性味归经】味甘、微酸，性凉。入肺、胃经。

【功用】生津润燥，清热化痰。用于热病伤阴或阴虚所致的干咳、口渴、便秘等症。

【用法】生食、去皮核榨汁、熬膏或煮汤。

【宜忌】脾虚便溏及伤风咳嗽者忌服。

【营养成分】含有大量果糖，可迅速被人体吸收；含有丰富的钾，可以维持人体细胞与组织的正常功能；果胶可有效降低胆固醇；含有硼，可以预防女性骨质疏松。

◇梨

专家经验谈

梨被称为“全能医生”，对减肥、预防感冒、防辐射、提高记忆力都有显著作用。

(以每100克食物计算)

蛋白质	0.4克	脂肪	0.2克	碳水化合物	13.3克
硫胺素	0.03毫克	核黄素	0.06毫克	钙	9毫克

香梨薏苡仁消暑汤

◇香梨薏苡仁消暑汤

原料：

梨肉50克，薏苡仁10克。

做法：

1.梨肉洗净，切块；薏苡仁浸泡30分钟备用

2.全部材料放入锅中，加水煎汤。

适宜年龄：

1岁以上。

营养解读：

消暑清热，适用于小儿消化不良、泄泻。

雪梨无花果瘦肉汤

原料：

雪梨1个，无花果4个，胡萝卜200克，猪瘦肉100克，盐少量。

做法：

1. 雪梨洗净，去皮、去核、切小块；无花果用温开水浸泡15分钟，捞出备用；胡萝卜削皮，洗净切小块；猪瘦肉切小块。
2. 全部材料同入锅，加水适量，大火煮沸后转小火炖约1小时，最后加盐调味即可。

适宜年龄：

1岁以上。

营养解读：

润肺滋阴，有清热功效，可作为炎夏的消暑汤品。

雪梨无花果瘦肉汤

香蕉——润肺滑肠

【选购】以表皮金黄、果香浓郁、手捏稍软者为佳。

【性味归经】味甘，性寒。入肺、大肠经。

【功用】清热生津止渴，润肺滑肠。

【用法】鲜食、做菜。

【宜忌】不宜过食。溃疡病和胃酸过多者忌服。脾胃虚寒、便溏者不宜食。

【营养成分】香蕉的糖分、蛋白质含量均高，维生素、矿物质也很丰富，热量也在水果中居高，且富含钾，有助预防心脑血管疾病；含有5-羟色胺，在神经的信息传递中起重要作用；含大量的水溶性纤维，可以帮助肠内的有益菌生长，维持肠道健康。

(以每100克食物计算)

蛋白质	1.4克
脂肪	0.2克
碳水化合物	22克
硫胺素	0.02毫克
核黄素	0.04毫克
钙	7毫克
镁	43毫克
钾	256毫克

◇香蕉

香蕉藕粉粥

原料：

香蕉2根，牛奶200毫升，藕粉、砂糖各适量。

做法：

1. 香蕉去皮，果肉捣成泥，加砂糖拌匀；藕粉加凉开水调成芡汁。
2. 牛奶煮沸后加香蕉泥拌匀，倒入藕粉芡汁，稍煮即可。

适宜年龄：

1岁以上。

营养解读：

分次食用，可当点心。健脾补钙，有利于骨骼发育。

专家经验谈

治便秘：熟香蕉1～2根，剥去外皮吃，每天睡前及起床后各1次。连皮炖食可治痔疮便血。

甜蜜炸香蕉

原料：

香蕉2根，面粉50克，砂糖、蜂蜜各适量。

做法：

1. 面粉加水调糊状；香蕉去皮将果肉切小段，放入面粉中蘸匀。

2. 锅内下油烧至七成热时，逐个放入香蕉段，炸为浅黄色时取出沥油。

3. 锅内下油烧热，倒入砂糖炒至红色，加入清水和蜂蜜稍炒，最后倒入炸好的香蕉段烧成收汁即可。

适宜年龄：

2岁以上。

营养解读：

甜蜜酥脆，热量高，可清热。

香蕉粥

原料：

香蕉1根，大米100克。

做法：

1. 香蕉去皮切片，大米洗净。

2. 大米加水煮粥，沸后放入香蕉片，改小火熬煮至熟即可。

适宜年龄：

1岁以上。

营养解读：

易消化，可用于秋季大便干结、肠燥便秘。

◇甜蜜炸香蕉

橘——开胃生津

【选购】以表面光滑、果梗不干枯、皮薄者为佳。

【性味归经】味甘、酸，性凉。入肺、胃经。

【功用】开胃理气，止咳润肺。主治胸膈结气，呕逆少食，胃阴不足，口中干渴，肺热咳嗽。

【用法】鲜食、榨汁。

【宜忌】痰饮咳嗽不宜食用。

【营养成分】富含钾、维生素B和维生素C，可在一定程度上预防心血管疾病；所含有的抗氧化元素对健康都非常有益。

◇橘

蛋白质	0.7克	脂肪	0.2克	碳水化合物	11.9克
硫胺素	0.08毫克	核黄素	0.04毫克	钙	35毫克
维生素C	28毫克	钾	154毫克		

(以每100克食物计算)

◇橘汁

橘汁

原料：

橘子3个，砂糖少量。

做法：

1. 橘子去皮、去核、榨汁。
2. 锅内加水加热，下砂糖煮沸后慢慢倒入橘子汁，边倒边搅拌即可。

适宜年龄：

1岁以上。

营养解读：

开胃易消化，适用于小儿营养不良。

◇西瓜

西瓜——夏季瓜果之王

【选购】叩击西瓜，声音短促则表示过生；声音沉闷则表示过熟。

【性味归经】西瓜瓤及西瓜皮味甘、淡，性寒，无毒。

【功用】生津止渴，消暑利尿。用于暑热烦渴、咽干咽痛、小便黄赤、泻痢、水肿、中暑等。西瓜皮也叫西瓜翠衣，擅长于利尿祛湿，用于小便不利、水肿等；西瓜子润肺健脾，可止渴、开胃、化痰。现代医学证实西瓜有降压、利尿作用。

【用法】生食、榨汁饮。

【宜忌】外感风寒、脾胃虚寒、湿盛便溏者不宜食用。

【营养成分】含有大量葡萄糖、苹果酸、果糖、蛋白氨基酸、西红柿素及丰富的维生素C等物质；含有丰富的水溶性纤维；西瓜中含有的糖和酶能把不溶性蛋白质变成可溶性蛋白质。

(以每100克食物计算)

蛋白质	0.6克
脂肪	0.1克
碳水化合物	5.8克
硫胺素	0.02毫克
维生素B_1	0.01毫克
钙	8毫克
维生素C	6毫克

专家经验谈

西瓜瓤及西瓜皮清热消暑，解渴，利尿。西瓜子滋补，润肠。西瓜霜清热解暑，利咽喉。

冰糖西瓜汁

原料：

西瓜肉500克，冰糖少量。

做法：

1. 西瓜肉去籽。
2. 二物一起上锅隔水蒸1小时，待凉滤渣取汁。

适宜年龄：

1岁以上。

营养解读：

清热润肺，可作为咳嗽的辅助食疗。

◇冰糖西瓜汁

二红汁

原料：

西瓜500克，西红柿1个。

做法：

1. 西瓜去皮去籽取果肉，榨汁。
2. 西红柿用开水稍烫，去皮，榨汁。
3. 二汁混合在一起，搅匀即可。

适宜年龄：

1岁以上。

营养解读：

清热爽口，利尿，适合作为夏季的消暑饮料。

◇柿子

柿子——清肺化痰

【选购】鲜果以果皮光滑无黑斑、无损伤者为佳。较硬者尚未完全成熟，口感较涩。柿饼以柿霜厚白、无腐烂变质者为佳。

【性味归经】味甘、涩，性平，无毒。入肺、脾、胃、大肠经。

【功用】清热润肺，生津止渴，健脾化痰，凉血止血。

【用法】鲜食，或者制成柿子饼、柿子汁等。

【宜忌】柿子与螃蟹不宜同食。外感风寒、脾胃虚寒者不宜食用。

【营养成分】碘含量较高，对预防碘缺乏大有好处；单宁酸具有收敛作用，能使大便固结；富含果胶，有良好的润肠通便作用，对于保持肠道正常菌群生长等有很好的作用。

专家经验谈

柿霜润肺，可用于咽干、口舌生疮等；柿蒂有降逆止呕作用；柿饼和胃止血；柿叶有止血作用，用于治疗咳血、便血、出血、吐血。

◇柿子

营养成分	含量	营养成分	含量	营养成分	含量
				维生素C	30毫克
蛋白质	0.4克	脂肪	0.1克	碳水化合物	13.3克
硫胺素	0.03毫克	核黄素	0.06毫克	钙	9毫克

(以每100克食物计算)

柿饼汤

原料：

柿饼2个，罗汉果半个，冰糖适量。

做法：

1. 罗汉果洗净，柿饼去蒂。
2. 二物同入锅，加适量清水，小火煮开。再加入冰糖，溶化后去渣喝汤即可。分2餐食用。

适宜年龄：

1岁以上。

营养解读：

化痰下火，可作为小儿多动症的辅助食疗。

栗柿羹

原料：

栗子肉2颗，柿饼半个。

做法：

1. 栗子肉洗净沥干水分，研成粉末状；柿饼切碎。
2. 二物同入锅，加水适量，大火煮沸后改小火煮成糊状即可。分3次食用。

适宜年龄：

1岁以上。

营养解读：

补肾健脾，可作为小儿腹泻的辅助食疗。

◇鲜柿子、柿饼

菠萝——解油腻

【选购】以叶片深绿色、表皮青黑有光泽、有香气者为佳。

【性味归经】 甘平微酸。入胃、肾经。

【功用】止渴解烦，健脾解渴，消肿去湿，醒酒益气。可用于消化不良、肠炎腹泻、伤暑、身热烦渴等症。

【用法】生吃或炒食。

【宜忌】皮肤有湿疹或疮疖者忌服。

【营养成分】含有菠萝蛋白酶，可分解蛋白质，改善局部血液循环；含有一种能够促进血液循环的蛋白酶，有降低血压、稀释血脂的作用；可以帮助预防脂肪沉积。

专家经验谈

菠萝中含有对口腔黏膜有刺激作用的苷类物质，因此应将果皮和果刺除净，将果肉切成块状，在稀盐水或糖水中浸渍，然后才吃。

(以每100克食物计算)

蛋白质	0.5克
脂肪	0.1克
碳水化合物	10.8克
硫胺素	0.02毫克
核黄素	0.02毫克
钙	12毫克
镁	8毫克
钾	113毫克
维生素C	18毫克

◇菠萝

菠萝炒鸡丁

原料：

菠萝肉200克，鸡胸肉150克，姜丝、葱花、生粉、盐各少量。

做法：

1. 菠萝肉用淡盐水泡5分钟，切扇形片。
2. 鸡胸肉洗净切丁，与盐、生粉拌匀。
3. 锅内下油烧热，爆香葱姜，倒入鸡丁大火翻炒至熟，再倒入菠萝片炒匀，稍加盐和少许清水，煮3～5分钟即可。

适宜年龄：

18个月以上。

营养解读：

滋阴嫩肤，适合作为治疗儿童肥胖症的辅助食疗。

菠萝炒牛肉

原料：

牛肉200克，菠萝肉300克，生粉、盐各少量。

做法：

1. 牛肉洗净切片，用生粉、盐稍腌。
2. 菠萝肉切小块，用淡盐水泡5分钟。
3. 油锅烧热，下油至七成热后放入牛肉片，快速炒散至熟，再下菠萝块炒熟即可。

适宜年龄：

2岁以上。

营养解读：

菠萝炒的时间要短，否则会发酸。本菜肴味道香甜，富有营养，促进宝宝生长发育。

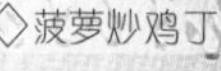

◇菠萝炒鸡丁

◇樱桃

樱桃——果中之珍

【选购】以颜色深红、果实饱满、果梗新鲜、表皮有光泽无损伤者为佳。

【性味归经】味甘，性温。入脾经。

【功用】补中益气，健脾祛湿。用于病后体虚、倦怠少食、风湿腰痛、四肢不灵、贫血等。外用可治冻疮、汗斑。

【用法】鲜食，加工制成樱桃汁、糖水樱桃等。

【宜忌】不宜多食。

【营养成分】含丰富的钾，可促进血液循环；含有丰富的花青素、花色素及维生素E等，这些营养素都是有效的抗氧化剂，对消除肌肉酸痛十分有效。

专家经验谈

预防麻疹：麻疹流行期，可让孩子饮樱桃汁，有预防感染的功效；樱桃核也有助于发汗透疹。

富含营养：樱桃含铁量居水果之首，是苹果和梨的20～30倍；维生素A则是苹果、葡萄的4～5倍；其他矿物质的含量也不低。

蛋白质	1.1克	脂肪	0.2克	碳水化合物	10.2克
硫胺素	0.02毫克	核黄素	0.02毫克	钙	11毫克
维生素E	28毫克	钾	232毫克		

(以每100克食物计算)

樱桃玫瑰粥

原料：

新鲜樱桃2个，西米100克，砂糖适量，玫瑰露少量。

做法：

1. 西米清水浸泡半小时，樱桃洗净去梗。
2. 锅中加适量清水烧开，倒入樱桃、西米和砂糖煮粥。
3. 粥成加玫瑰露即可。

适宜年龄：

2岁以上。

营养解读：

味道香美，富含铁、维生素等营养素，调中益气，可作为治疗厌食症的辅助食疗。

◇樱桃玫瑰粥

樱桃糖水

原料：

新鲜樱桃5个，砂糖适量。

做法：

1. 樱桃洗净去核、去梗。
2. 樱桃入锅加适量清水煮汁，沸后加砂糖拌匀稍煮即可，每天服30～40毫升。

适宜年龄：

1岁以上。

营养解读：

樱桃中的铁含量很高，因此可预防缺铁性贫血。

◇樱桃糖水

山楂——健胃消食

◇山楂

【选购】以表面深红鲜亮有光泽、颗粒饱满不皱缩、果梗新鲜者为佳。

【性味归经】味酸、性甘，微温。入脾、胃、肝经。

【功用】消食健胃，活血化瘀，驱虫。主治肉食积滞、小儿乳食停滞等。

【用法】生食、煮食或榨汁服，也可制成山楂糕、山楂片、冰糖葫芦等食用。

【宜忌】脾胃虚弱、实热便秘者忌用。

【营养成分】含有三萜类内酯和酮类成分，具有降低血液胆固醇、降压、利尿和镇静等作用，是心脑血管病患者的良药；山楂内的黄酮类化合物牡荆素，是一种抗癌作用较强的药物。

(以每100克食物计算)

蛋白质	0.5克
脂肪	0.6克
碳水化合物	25.1克
硫胺素	0.02毫克
核黄素	0.02毫克
钙	52毫克
镁	19毫克
钾	299毫克

山楂神曲粥

原料：

山楂30克，神曲15克，大米100克。

做法：

1. 山楂、神曲捣碎后加水煎汁，大米洗净。
2. 大米加水煮粥，沸后倒入药汁续煮成稀粥，可加红糖调味。

适宜年龄：

1岁以上。

营养解读：

消食健胃，可用于消化不良、腹泻等。

◇山楂

专家经验谈

山楂助消化和消肉积，以治肉食油腻积滞见长。色赤入血分，又能活血散瘀，可治血瘀诸证。以新鲜山楂200克，加水煮汁代茶饮，可治疗因吃肉量过多而引起的消化不良。

山楂谷芽饮

原料：

山楂10克，炒谷芽10克。

做法：

1. 山楂和谷芽分别洗净。
2. 二物加水煎汤，分3次服用。

适宜年龄：

1岁以上。

营养解读：

消食化积，可用于乳食肉食积滞、消化不良。

◇山楂谷芽饮

山楂核桃粥

原料：

新鲜山楂2个，大米50克，核桃仁20克，砂糖适量。

做法：

1. 山楂洗净，去核切两半；大米洗净；核桃仁洗净，切碎。
2. 锅内加水倒入大米，大火煮沸后小火煮粥，加入砂糖、山楂和核桃仁再煮几分钟即可。

适宜年龄：

18个月以上。

营养解读：

酸甜可口，有利于小儿生长发育。

山楂饮

原料：

山楂10克。

做法：

山楂洗净入锅，加500毫升清水，大火煮沸后改小火续煮至300毫升，去渣取汁饮用。

适宜年龄：

1岁以上。

营养解读：

山楂消食，可作为儿童肥胖症的辅助食疗。

◇山楂饮

无花果——长生不老果

【选购】鲜品选择红紫色稍软者；干品以咖啡色、皮厚为好。

【性味归经】味甘，性平，无毒。入肺、胃、大肠经。

【功用】健脾润肠，开胃止泻。

【用法】鲜食，加工制干、制果脯、果酱、果汁等。

【宜忌】鲜果不易保存，应尽快吃完。

【营养成分】含有的果胶可活络肠道功能；膳食纤维可预防便秘和结肠癌、降低胆固醇；所含的脂肪酶、水解酶等有降低血脂和分解血脂的功能；含有丰富的蛋白质分解酶、脂酶、淀粉酶和氧化酶等酶类，能促进蛋白质的分解。

无花果

无花果瘦肉汤

原料：

干无花果6个，猪瘦肉200克，姜片少量。

做法：

1. 无花果洗净，切半；猪瘦肉切块汆水。
2. 三物同入锅中，加入适量清水，猛火煮沸后转小火煲2小时，加盐调味即可。

适宜年龄：

1岁以上。

营养解读：

清热润燥，生津止渴。

无花果荸荠汤

原料：

干无花果4个，荸荠8个，姜片2片。

做法：

1. 无花果洗净，切半，沥干水分。
2. 荸荠洗净、去皮，沥干水分。
3. 所有材料一同入锅，大火煮沸后改小火炖约1小时即可。

适宜年龄：

1岁以上。

营养解读：

荸荠清热泻火，是夏秋季节治疗急性胃肠炎的佳品。本汤可帮助消化，健胃润肠。

蛋白质	1.5克	脂肪	0.1克	碳水化合物	16克
硫胺素	0.03毫克	核黄素	0.02毫克	钙	67毫克
钠	5.5毫克	钾	212毫克	硒	0.67毫克

(以每100克食物计算)

◇草莓

草莓——神奇之果

【选购】以颜色鲜红有光泽、有浓郁香气、手感较硬者为佳。

【性味归经】味甘、酸，性凉。入肺、脾经。

【功用】润肺生津，健脾减脂。

【用法】鲜食、做酱。

【宜忌】不宜多吃。

【营养成分】含有异蛋白物质，具有抗癌作用，可阻止致癌物质亚硝胺的合成；含有多种有机酸、果酸，可分解脂肪，促进食欲。含有的果胶及纤维素，可促进胃肠蠕动，改善便秘，预防痔疮发生；鞣酸含量高，在体内可吸附和阻止致癌化学物质的吸收，具有防癌作用。

蛋白质	1克
脂肪	0.2克
碳水化合物	7.1克
硫胺素	0.02毫克
核黄素	0.03毫克
钙	18毫克

专家经验谈

止咳：鲜果60克，冰糖30克，隔水炖烂服用，每天3次。适用于无痰干咳、日久不愈者。

解酒：鲜果90～150克，洗净后1次吃完。

香甜草莓羹

原料：

新鲜草莓10颗，湿豆粉1碗，砂糖、盐各适量。

做法：

1. 草莓洗净，淡盐水浸泡后取出，沥干水分，捣烂成泥。
2. 锅内加适量清水，倒入砂糖，大火煮沸后倒入湿豆粉。
3. 再煮沸后倒入草莓泥，搅拌均匀即可。待凉食用。

适宜年龄：

18个月以上。

营养解读：

酸甜可口，消暑生津，适合夏天食用，还可以作为厌食症的辅助食疗。

（三）蔬菜类

蔬菜是人类平衡膳食的重要组成部分，是摄取维生素、矿物质、膳食纤维的重要来源。

苦瓜——解暑泻火

◇苦瓜

【选购】以瓜体硬实、表皮鲜亮者为佳。

【性味归经】味苦，性寒。入心、肝、脾、肺经。

【功用】清热解暑，明目解毒。用于中暑、暑热烦渴、暑疖、痱子过多、目赤肿痛、痈肿丹毒、烧烫伤、痢疾等。

【用法】炒食、凉拌、煮汤、绞汁。

【宜忌】胃腹疼痛或脾胃虚寒者慎食。苦瓜属较苦寒的蔬菜，儿童不宜多吃。

【营养成分】抗坏血酸的含量高，可清热解暑；含有类似胰岛素的物质，可降低血糖；含有一种具有明显抗癌功效的活性蛋白质，能够激发体内免疫系统的防御功能，增加免疫细胞活性，清除体内有害物质。

专家经验谈

去苦方法：切好苦瓜后，入沸水中焯烫一下或用盐稍腌，均可减轻苦味。

抗癌：近年有研究发现，苦瓜中的一种脂蛋白有抗癌作用，有待开发利用。

(以每100克食物计算)

蛋白质	1克	脂肪	0.1克	碳水化合物	4.9克
硫胺素	0.03毫克	核黄素	0.03毫克	钙	14毫克

苦瓜香菇汤

原料：

苦瓜1根，水发香菇2朵，高汤2碗，盐少量。

做法：

1. 苦瓜去蒂、去瓤切厚片，入沸水锅中焯烫；香菇水发后切薄片。
2. 锅中下油加热，倒入苦瓜稍炒，再倒入高汤大火煮沸后下香菇片，煮至熟软加盐即可。

适宜年龄：

18个月以上。

营养解读：

补脾益气，适用于体质虚弱者。

鸡肉酿苦瓜

原料：

苦瓜200克，鸡肉100克，枸杞子、蒜末、葱末、姜末、清汤、盐各少量。

做法：

1. 苦瓜切节，去瓤；鸡肉剁成茸，加枸杞子、少量盐拌匀。
2. 将鸡茸酿入苦瓜中，入锅中蒸熟。
3. 烧热油锅，下蒜末、姜末、葱末炒香，加清汤调味勾芡后淋于苦瓜上即可。

适宜年龄：

2岁以上。

营养解读：

口感清爽，适合夏季食用，可消暑除热。

◇鸡肉酿苦瓜

苦瓜炒鱼腐

原料：

苦瓜150克，鱼腐100克，生姜片3克，蚝油、盐各少量。

做法：

1. 苦瓜洗净，剖开去籽切片。
2. 苦瓜片入沸水锅中稍煮，捞出备用。
3. 锅内下油加热，爆香姜片，倒入鱼腐稍炒，再加入苦瓜片，放入蚝油、盐调味，炒熟即可出锅。

适宜年龄：

2岁以上。

营养解读：

苦瓜除热解毒、明目清心，炒前先煮可淡化苦味。

◇苦瓜炒鱼腐

冬瓜——利水消肿

◇冬瓜

【选购】以表皮有白霜、瓜皮深绿色较硬者为佳。

【性味归经】味甘、淡，性凉。入肺、大肠、小肠、膀胱经。

【功用】润肺生津，利尿消肿，清热祛暑，解毒排脓。用于暑热口渴，痰热咳喘，水肿。冬瓜皮以利尿见长；冬瓜子以健脾养颜、止咳化痰见长。

【用法】煎汤、煨食、做药膳、捣汁饮或生冬瓜外敷。

【宜忌】不宜生食；脾胃虚弱、肾脏虚寒、久病滑泄者忌食。

【营养成分】冬瓜无脂肪、低钠，对高血压、冠心病、肥胖有防治作用。含糖量低，水分含量较高，能利水消肿。

专家经验谈

夏日生痱子：可用冬瓜切片，捣烂搽患处。

夏季养生：夏季多食用冬瓜，有助于解暑清热、止渴利水。

冬瓜子效用：可清肺化痰、增强免疫力，但性微寒，脾胃虚弱者不宜食用。

瓜条炒虾皮

原料：

冬瓜100克，虾皮20克，水发香菇2朵，葱花、盐各少量。

做法：

1. 冬瓜去皮去瓤，切薄片；香菇泡发后切碎；虾皮温水浸泡后沥干水分，切碎。
2. 锅内下油加热，爆香葱花，放入虾皮炒黄，再倒入香菇丁稍炒，最后倒入冬瓜片炒至熟则加盐，拌匀即可。

适宜年龄：

1岁以上。

营养解读：

冬瓜清热解暑，含有丰富的钾元素，可补钾。适合夏季食用。

◇冬瓜

蛋白质	0.4克	脂肪	0.2克	碳水化合物	2.6克
硫胺素	0.01毫克	核黄素	0.01毫克	钙	19毫克

(以每100克食物计算)

白汁冬瓜

原料：

冬瓜100克，小棠菜2棵，鸡汤、盐各少量。

做法：

1. 冬瓜去皮、切块，入锅中蒸熟。
2. 小棠菜洗净，放入沸水中焯熟，作拌碟用。
3. 烧开鸡汤，加盐调味后勾芡，淋于冬瓜上即可。

适宜年龄：

1岁以上。

营养解读：

开胃消食。

白汁冬瓜

冬瓜粥

原料：

新鲜带皮冬瓜100克，大米100克。

做法：

1. 冬瓜洗净切薄片，大米洗净。
2. 冬瓜片与大米同入锅，加适量清水熬粥。

适宜年龄：

1岁以上。

营养解读：

利水消肿，可作为治疗小儿急性肾炎的辅助食疗。

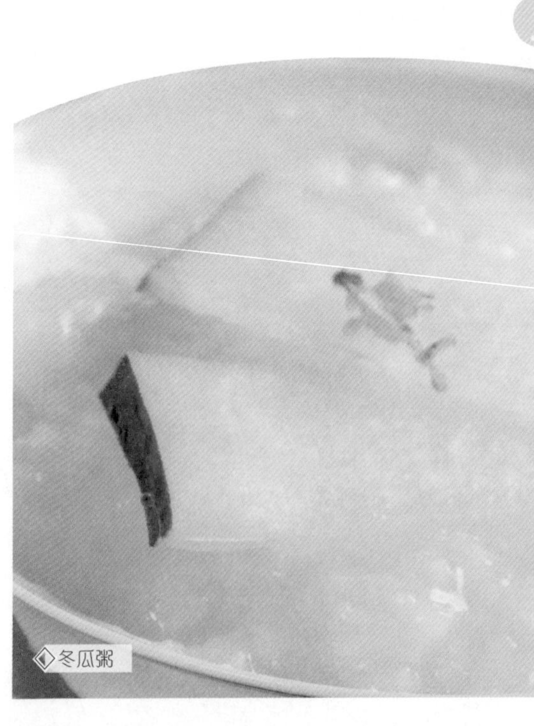

冬瓜粥

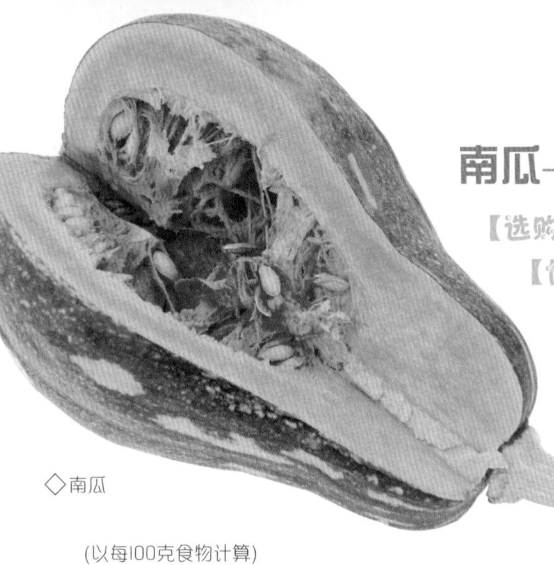
◇南瓜

南瓜——提高免疫力

【选购】以外形完整、有重量、表面无黑点者为佳。

【性味归经】味甘，性温。入脾、胃经。

【功用】补中益气，消炎止痛，解毒杀虫。

【用法】蒸、煮食，或煎汤服；捣敷外用。

【宜忌】湿热气滞者忌食。黄疸者勿食。

【营养成分】含有丰富的植物纤维和胡萝卜素，可以提高机体免疫力。

(以每100克食物计算)

蛋白质	0.7克	脂肪	0.1克	碳水化合物	5.3克
硫胺素	0.03毫克	核黄素	0.04毫克	钙	16毫克

专家经验谈

治疗烫伤、疔疮：将生南瓜肉捣碎，外敷于患处，可消炎、止痛。

南瓜粥

原料：

新鲜南瓜、大米各100克，盐少量。

做法：

1. 南瓜洗净去皮切小块，蒸熟；大米洗净。
2. 大米入锅加适量清水煮粥，粥熟时倒入南瓜块，搅匀后稍煮，出锅时加盐即可。

适宜年龄：

1岁以上。

营养解读：

带有天然果蔬的甜味，热量低，补中益气，适合作为肥胖宝宝的主食。

南瓜饭

原料：

新鲜南瓜、大米各100克，盐少量。

做法：

1. 南瓜洗净去瓤切块，大米洗净。
2. 大米入锅，加入南瓜和盐，再加适量清水煮饭，煮熟即可。

适宜年龄：

1岁以上。

营养解读：

富含矿物质和胡萝卜素，可增强抵抗力，增进体能。

◇南瓜粥

丝瓜——清暑热良品

【选购】以瓜把较硬、表皮鲜绿无损伤者为佳。

【性味归经】味甘，性凉。入肝、胃经。瓜络味甘，性平。

【功用】清热化痰，凉血，解毒。

【用法】做菜、煎汤。

【宜忌】体虚内寒者不宜多食。

【营养成分】硫胺素含量高，有利于小儿大脑发育。

◇丝瓜

(以每100克食物计算)

营养素	含量	营养素	含量	营养素	含量
蛋白质	1克	脂肪	0.2克	碳水化合物	4.2克
硫胺素	0.02毫克	核黄素	0.04毫克	钙	14毫克

三色丝瓜

原料：

丝瓜100克，鸡蛋2个，火腿1根，大蒜头2瓣，盐少量。

做法：

1．丝瓜去皮去籽切菱形块，火腿切菱形块，大蒜头去皮拍碎。

2．鸡蛋分出蛋黄来，上蒸锅小火蒸熟，取出切成菱形片。

3．锅内下油烧热，爆香蒜末后倒入丝瓜炒熟，再倒入火腿片、蛋黄片翻炒，待出锅时加盐拌匀即可。

适宜年龄：

1岁以上。

营养解读：

红绿黄搭配，在视觉上就很吸引宝宝的注意力。丝瓜和鸡蛋同食，可以滋肺阴，使肌肤润泽，有利于生长发育。

丝瓜虾仁汤

原料：

丝瓜半根，虾仁5个，紫菜、盐各少量。

做法：

1．丝瓜去皮洗净切薄片，紫菜泡发洗净去杂质。

2．锅内加油烧热后倒入丝瓜片稍炒，加2碗水煮开后放入虾仁、紫菜，小火续煮，出锅时加盐调味即可。

适宜年龄：

1岁以上。

营养解读：

适合夏季食用，本汤含有大量的维生素、木糖胶，清热去火，可补充钙质，有利于骨骼发育。

◇丝瓜虾仁汤

黄瓜——天然利尿剂

【选购】以带刺、鲜绿色、条直、粗细均匀者为佳。

【性味归经】味甘，性凉。入脾、胃、大肠经。

【功用】清热利尿。

【用法】炒食、生食、做汤、作馅。

【宜忌】脾胃虚寒、腹痛腹泻、咳嗽者少食。

【营养成分】含水量高达95%，可促进尿液分泌。

(以每100克食物计算)

蛋白质	0.8克
脂肪	0.2克
碳水化合物	2.9克
硫胺素	0.02毫克
核黄素	0.03毫克
钙	24毫克

◇黄瓜

黄瓜炒百合

原料：

黄瓜100克，新鲜百合50克，盐少量。

做法：

1. 百合洗净，分瓣；黄瓜洗净，切薄片。
2. 锅内下油加热，倒入百合略炒，再倒入黄瓜片大火爆炒，待出锅时加盐炒匀即可。

适宜年龄：

18个月以上。

营养解读：

清淡爽口，黄瓜利尿，百合润肺，可滋阴润燥止咳，适用于慢性气管炎。

专家经验谈

治疗小儿湿热腹泻：黄瓜叶适量，洗净捣烂取汁，冲开水加砂糖服。

皮肤瘙痒：用鲜黄瓜1根，切段拍碎。将患处洗净，用拍碎的黄瓜反复擦患处，使黄瓜汁浸透皮肤，每天1次，连擦1周左右。

食用注意：黄瓜含一种破坏维生素C的酶，因此不要和含维生素C的水果同吃或一同榨汁。

黄瓜绿豆解暑汁

原料：

黄瓜1条，绿豆30克，冰糖少量。

做法：

1. 黄瓜洗净切片。
2. 黄瓜片和绿豆同入锅，加清水适量，小火煮至绿豆熟透后取汁，可加冰糖适量饮服。每天3次饮用。

适宜年龄：

1岁以上。

营养解读：

清热，可作为夏季消暑饮品，防治小儿中暑。

酿黄瓜

原料：

黄瓜1条，猪瘦肉50克，鸡蛋1个，葱花1小勺，盐少量。

做法：

1. 黄瓜去皮，切成4厘米厚的环状后去籽。鸡蛋打散，分出蛋黄，留下蛋清。
2. 猪瘦肉剁成肉馅，加入蛋清、盐，搅拌至有韧性。
3. 肉馅酿入黄瓜中，装盘入锅蒸20～30分钟即可，出锅时撒上葱花。

适宜年龄：

18个月以上。

营养解读：

蒸的方式保留了黄瓜和猪肉的营养，可促进生长发育。

黄瓜蒸饺

原料：

黄瓜200克，嫩豆腐1块，鸡蛋3个，饺子皮若干，葱末、油、盐各少量。

做法：

1. 鸡蛋打散，加少许盐入油锅炒熟成蛋末；豆腐洗净，沸水中汆烫后捞出切丁；黄瓜洗净切丝，挤出水分。
2. 鸡蛋末、豆腐丁、黄瓜丝放入同一个碗内，加油、盐、葱末搅拌成馅料。
3. 将馅料包入饺子皮内，入锅蒸熟即可。

适宜年龄：

1岁以上。

营养解读：

很容易勾起宝宝的食欲，营养丰富，热量不高。

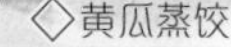
◇黄瓜蒸饺

苋菜——补血佳菜

【选购】以新鲜无斑点、无花叶者为佳。

【性味归经】味甘，性凉。归肺、大肠、小肠经。

【功用】清热凉血，通便杀毒。对胃肠炎、便秘、黄疸等有一定疗效。

【用法】炒食、做汤、凉拌。

【宜忌】脾虚便溏者慎服。

【营养成分】含有丰富的维生素K，可促进凝血，增加血红蛋白含量，提高携氧能力；铁的含量是菠菜的1倍，且不含草酸，易被吸收利用，能促进小儿的生长发育；含有高浓度赖氨酸，可补充谷物当中赖氨酸的不足。

◇苋菜

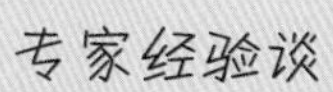
专家经验谈

治疗油漆过敏：苋菜全株适量，煎水外洗。

苋菜粥

原料：

苋菜、大米各100克，蒜末、盐各少量。

做法：

1. 苋菜去根洗净，切成寸段；大米淘净。
2. 大米加水煮粥，熟时放入苋菜、蒜末续煮，煮熟后加盐拌匀即可。

适宜年龄：

2岁以上。

营养解读：

苋菜含有丰富的铁和钙，且不含草酸，易吸收，可补充钙质。

◇苋菜粥

蛋白质	2.8克	脂肪	0.3克	碳水化合物	5克
硫胺素	0.03毫克	核黄素	0.12毫克	钙	187毫克
维生素C	47毫克	镁	119毫克	铁	5.4毫克

(以每100克食物计算)

苋菜煮皮蛋

原料：

苋菜100克，皮蛋1个，蒜头、盐各少量。

做法：

1.苋菜去根洗净，皮蛋去壳切片。
2.苋菜下沸水锅内煮软，捞出，备用。
3.锅内下油，烧至七成热时下皮蛋、蒜头稍炒，倒入适量水续煮，沸后加入苋菜，出锅时加盐拌匀即可。

适宜年龄：

2岁以上。

营养解读：

苋菜煮的时间要稍长才比较好吃。含有丰富钙质，可促进生长发育。

◇芹菜

芹菜——芳香促食欲

【选购】以颜色深绿、腹沟窄者为佳。

【性味归经】味甘、苦，性凉。入肺、胃、肝经。

【功用】清热利尿，祛风利湿。

【用法】榨汁、炒食、作馅。

【宜忌】脾胃虚寒者慎食。

【营养成分】含有挥发性物质，可增强食欲；含大量膳食纤维，刺激胃肠蠕动；含铁量较高，可使头发黑亮；含有效利尿成分，消除体内水钠潴留，利尿消肿。

(以每100克食物计算)

蛋白质	0.8克
脂肪	0.1克
碳水化合物	3.9克
硫胺素	0.01毫克
核黄素	0.08毫克
钙	48毫克

凉拌三丝

原料：

芹菜250克，海带100克，黑木耳（干品）50克，酱油、麻油、盐各少量。

做法：

1. 海带、黑木耳用水发好，洗净、切丝，芹菜洗净、切段，各在沸水中焯熟。
2. 将三丝混合，加酱油、麻油、盐搅拌均匀即可。

适宜年龄：

2岁以上。

营养解析：

爽口开胃，有益于身体发育。

专家经验谈

芹菜叶也可以吃，其中的胡萝卜素和维生素C的含量比茎还多。

◇芹菜

◇芹菜粥

芹菜粥

原料：

芹菜100克，大米100克，油、盐各少量。

做法：

1. 芹菜去杂洗净切粒。
2. 大米入锅，加适量清水煮至米粒开花，倒入芹菜粒、油、盐，煮熟即可。

适宜年龄：

1岁以上。

营养解读：

健胃平肝，可作为小儿呕吐的辅助食疗。

芹菜炒香菇

原料：

芹菜150克，水发香菇2朵，火腿1根，大蒜头2颗，湿生粉、盐各少量。

做法：

1. 芹菜摘好洗净切段，火腿切丝，香菇洗净切片，大蒜头去皮切碎。
2. 锅内下油加热，爆香蒜末，倒入芹菜段炒至半生。
3. 再倒入火腿丝、香菇片，下盐翻炒均匀，最后倒入湿生粉勾芡即可。

适宜年龄：

18个月以上。

营养解读：

富含蛋白质和矿物质，补钙。

◇芹菜炒香菇

芹菜汁

原料：

芹菜100克。

做法：

芹菜洗净切碎，加水熬煮，去渣留汁。

适宜年龄：

1岁以上。

营养解读：

清热，适合春季食用，可预防麻疹。

◇芹菜汁

空心菜——清热止血

【选购】以新鲜细嫩、茎叶完整者为佳。

【性味归经】味淡，性凉。入胃、大肠经。

【功用】清热解毒，利湿止血。

【用法】炒食、做汤。

【宜忌】胃寒、大便稀溏者少食。

【营养成分】空心菜是碱性食物，含有钾、氯等可调节水液平衡的元素，可降低肠道酸度；纤维素的含量高，可促进肠道蠕动、通便。含有胰岛素成分，能降低血糖。

专家经验谈

空心菜为碱性食物，可降低肠道的酸度，预防肠道内的细菌群失调。

◇空心菜

空心菜蛋汤

原料：

空心菜100克，鸡蛋1个，盐少量。

做法：

1. 空心菜洗净，掐段；鸡蛋打散，搅匀。
2. 锅内加清水煮沸，放少许油，再倒入空心菜，搅散，煮开后加入鸡蛋液，最后加盐调味即可。

适宜年龄：

1岁以上。

营养解读：

味道鲜美，有利于生长发育。

空心菜荸荠饮

原料：

空心菜100克，荸荠6个。

做法：

1. 空心菜洗净摘好，荸荠洗净去皮切开。
2. 二者同入锅，加适量清水小火煮沸后改小火续煮约1小时，去渣取汁。

适宜年龄：

1岁以上。

营养解读：

可作为小儿夏季热的辅助食疗，症见口渴、尿黄。每天服3次，连续6天。

成分	含量	成分	含量	成分	含量
蛋白质	2.2克	脂肪	0.3克	碳水化合物	3.6克
硫胺素	0.03毫克	核黄素	0.08毫克	钙	99毫克

(以每100克食物计算)

菠菜——美颜佳品

【选购】以叶柄粗、叶片嫩挺肥大者为佳。

【性味归经】味甘，性凉。入大肠、胃经。

【功用】养血止血，敛阴润燥。对缺铁性贫血有改善作用。

【用法】微炒或煮熟食。

【宜忌】沸水焯后食，便溏及腹泻者忌用。

【营养成分】含有抗氧化剂，可促进细胞增殖，激活大脑功能；其中的类胰岛素物质，可使血糖保持稳定。

专家经验谈

很多人认为菠菜的铁含量远高于其他蔬菜，于是经常食用以补充铁质。然而菠菜含铁量虽高，能被人体吸收的却不多，还会干扰锌和钙的吸收。所以要先沸水煮熟去草酸后再烹调，且不宜给宝宝多食。

◇菠菜

(以每100克食物计算)

蛋白质	2.6克
脂肪	0.3克
碳水化合物	4.5克
硫胺素	0.04毫克
核黄素	0.11毫克
钙	66毫克
铁	2.9毫克

蒜蓉菠菜

原料：

菠菜200克，大蒜头5颗，盐少量。

做法：

1. 菠菜洗净，切长段；大蒜头去皮切末。
2. 锅内加开水，倒入菠菜焯熟。
3. 锅内加油烧热，爆香蒜末，倒入菠菜段煮熟，出锅加盐即可。

适宜年龄：

1岁以上。

营养解读：

含有丰富的蛋白质、维生素，可增强活力，促进生长发育。

菠菜粥

原料：

大米10克，菠菜5克，水半杯。

做法：

1. 将大米淘净后浸泡1小时左右，碾碎成米末。
2. 菠菜叶洗净，在开水中烫10秒钟左右，再放在冷水中浸泡半小时，沥水、剁碎。
3. 往米末中加半杯水，武火煮沸。改用文火继续煮，边煮边搅拌，煮到米熟，将剁碎的菠菜放入粥内，再煮1分钟即可。

适宜年龄：

1岁以上。

营养解读：

通肠，适用于便秘。

菠菜粥

猪肝菠菜汤

猪肝菠菜汤

原料：

菠菜100克，猪肝100克，高汤1大碗，姜末、盐各少量。

做法：

1. 将菠菜洗净；猪肝洗净，切小块。
2. 锅内下油加热，烧至七成热时倒入猪肝、姜末稍加翻炒，然后注入高汤，以中火烹煮。
3. 煮至汤冒泡时倒入菠菜，调入盐，煮熟后即可出锅。

适宜年龄：

18个月以上。

营养解读：

菠菜含有多种矿物质，猪肝含有丰富的铁和维生素，对贫血、皮肤粗糙、视力减退、角膜溃疡有辅助治疗作用。

韭菜——春季三鲜

【选购】以叶直、鲜嫩翠绿者为佳。

【性味归经】叶味甘、辛、咸，性温。入肝、胃、肾经。

【功用】温中行气，散瘀解毒。

【用法】炒食、作馅。

【宜忌】阴虚内热及疮疡、目疾患者均忌食。

【营养成分】含大量维生素和粗纤维，能增进胃肠蠕动。

专家经验谈

韭菜含大量粗纤维，消化不良或者胃肠功能较弱者切不可多食，宝宝也不宜多食。

蛋白质	2.4克	脂肪	0.4克	碳水化合物	4.6克
硫胺素	0.02毫克	核黄素	0.09毫克	钙	42毫克

(以每100克食物计算)

◇韭菜

青白二丝

原料：

白萝卜200克，韭菜100克，蒜末、盐各少量。

做法：

1. 白萝卜洗净去皮切丝，入沸水锅中烫熟，捞出沥干水分；韭菜洗净切段。
2. 锅内下油烧热，倒入蒜末、韭菜段稍炒，再倒入白萝卜丝，下盐，中火炒匀即可。

适宜年龄：

18个月以上。

营养解读：

韭菜和白萝卜含丰富的钙，可促进生长发育。

韭菜炒羊肝

原料：

韭菜100克，羊肝100克，盐少量。

做法：

1. 韭菜洗净后切段，羊肝洗净后切片。
2. 锅内下油加热，倒入韭菜、羊肝炒熟，出锅时加盐拌匀即可。

适宜年龄：

2岁以上。

营养解读：

强壮身体，可用作继发于小儿疳积的角膜软化症的辅助食疗。

马齿苋——天然抗生素

【选购】白花种茎叶呈绿色，食用品质较好；黄花种茎带紫红色，炒食带酸味，口感不佳。

【性味归经】味酸，性寒。入大肠、肝、脾经。

【功用】清热解毒，散血消肿。主治热痢脓血，痈肿恶疮，瘰疬。

【用法】炒食、煮汤、凉拌，还可制成干品。

◇马齿苋

【宜忌】凡脾胃虚寒、肠滑作泻者勿用。

【营养成分】对大肠杆菌、伤寒杆菌、痢疾杆菌、金黄色葡萄球菌等多种致病细菌有很强的抑制作用，特别是对痢疾杆菌杀灭作用更强。富含钾，可以扩张血管，具有一定的降压作用；含有ω-3脂肪酸，具有降低血液黏度、抑制饱和脂肪酸生成的作用；富含硒，可抑制由化学致癌物质所诱发的肝癌、皮肤癌及淋巴癌。

蛋白质	2.3克	脂肪	0.5克	碳水化合物	3.9克
硫胺素	0.03毫克	核黄素	0.11毫克	钙	85毫克

(以每100克食物计算)

◇高汤浸马齿苋蹄筋

高汤浸马齿苋蹄筋

原料：

蹄筋100克，马齿苋250克，高汤250毫升。

做法：

1.蹄筋泡发，切段；马齿苋洗净。

2.烧热油锅，爆香蹄筋，倒入高汤，最后放入马齿苋煮熟即可。

适宜年龄：

2岁以上。

营养解读：

富含营养，可益气补虚、清热解毒。

马齿苋粥

原料：

新鲜马齿苋、大米各100克，盐少量。

做法：

1.马齿苋洗净切碎末，大米洗净。

2.大米入锅加水煮成粥，快熟时加入马齿苋末，拌匀煮熟后加少量盐调味食用。

适宜年龄：

1岁以上。

营养解读：

适用于小儿急、慢性痢疾的辅助食疗。

马齿苋饮

原料：

新鲜马齿苋500克，砂糖少量。

做法：

1.马齿苋清水泡10分钟，洗净，入沸水稍烫。

2.马齿苋切碎，放入榨汁机中，倒入砂糖和少量清水，搅拌后去渣取汁。

3.马齿苋汁入锅，大火煮沸后改小火续煮约半小时，待温可饮用。

适宜年龄：

1岁以上。

营养解读：

可用于预防手足口病。

◇白菜

白菜——菜中之王

【选购】以叶形舒展、菜质娇嫩为佳。

【性味归经】味甘，性平。入肠、胃经。

【功用】解热除烦，通利肠胃。

【用法】炒食、凉拌。

【宜忌】肺热咳嗽、喉咙发炎、腹胀及发热者宜食用。胃寒腹痛、大便清泻及寒痢者不可多食。

【营养成分】含有膳食纤维，通肠，促进排毒，帮助消化；微量元素钼可抑制体内对亚硝酸胺的吸收、合成和积累，故有一定抗癌作用。白菜中的锌含量高于肉类。

蛋白质	5克	脂肪	0.1毫克	碳水化合物	3.2克
硫胺素	0.04毫克	核黄素	0.05毫克	钙	50毫克

(以每100克食物计算)

白菜馒头粥

原料：

白菜叶50克，白面馒头半个，麻油、盐各少量。

做法：

1. 馒头切成碎块；白菜叶洗净，切成细丝状。
2. 馒头和适量清水同入锅煮，煮沸后加白菜丝和盐、麻油，煮熟即可。

适宜年龄：

1岁以上。

营养解读：

富含碳水化合物、维生素等营养物质，容易消化，能促进宝宝生长。

上汤白菜

原料：

白菜100克，枸杞子5克，高汤250毫升，盐少量。

做法：

1. 白菜洗净切段，枸杞子洗净。
2. 锅内倒入高汤后煮沸，下白菜煮软，捞出装盘。
3. 汤中放入枸杞子、盐，稍煮后淋在白菜上即可。

适宜年龄：

1岁以上。

营养解读：

含维生素和膳食纤维，营养好并容易吸收。

专家经验谈

治秋冬肺燥咳嗽：白菜干100克，豆腐皮50克，红枣10个，加水适量炖汤服用。

鱼腐白菜煲

原料：

鱼腐100克，白菜250克，姜丝少量，清汤适量。

做法：

1. 白菜洗净，切开。
2. 烧热油锅，下姜丝爆香，倒入清汤，煮沸后加入鱼腐、白菜，煮至白菜变软即可。

适宜年龄：

18个月以上。

营养解读：

含有丰富的蛋白质与维生素，有利于生长发育。

莴笋——含氟量高

【选购】以茎秆粗壮无损伤、叶片不弯曲无黄叶者为佳。

【性味归经】味甘，性凉。入心、肠、胃经。

【功用】利五脏，通经脉，清胃热。用于小便不利、尿血、乳汁不通。

【用法】炒食、煮食、凉拌。

【宜忌】有眼疾者不宜多食。

【营养成分】含钾量高，有利于体内水盐平衡，促进排尿；含有丰富的氟，可参与牙齿和骨骼的生长。

◇莴笋

(以每100克食物计算)

蛋白质	1克
脂肪	0.1毫克
碳水化合物	2.8克
硫胺素	0.02毫克
维生素B_1	0.02毫克
钙	23毫克
钾	212毫克

莴笋粥

原料：

莴笋50克，大米50克，盐少量。

做法：

1. 莴笋去皮洗净，切粒；大米洗净。
2. 大米加水煮粥，沸后下莴笋，以小火煮至粥成，最后加盐调味即可。

适宜年龄：

1岁以上。

营养解读：

适宜夏季食用，清爽开胃。

◇莴笋粥

茄子——清热消肿

◇茄子

【选购】以颜色乌黑、重量小、花萼下面有绿白色皮者为佳。

【性味归经】味甘，性凉。人脾、胃、大肠经。

【功用】清热止血，消肿止痛。

【用法】炒食、煮食、煎食、干制、盐渍。

【宜忌】脾胃虚寒、哮喘者不宜多食。茄子秋后其味偏苦性寒更甚，若体质虚冷之人不宜多食。

【营养成分】紫皮里含有丰富的维生素P，可以保持血管壁的弹性，软化微细血管，防止出血；含有龙葵素，可抑制癌细胞，对胃及十二指肠溃疡、慢性胃炎有一定的疗效。

蛋白质	1.1克	脂肪	0.2克	碳水化合物	11.9克
硫胺素	0.02毫克	核黄素	0.04毫克	钙	24毫克

(以每100克食物计算)

◇茄子粥

茄子粥

原料：

紫皮茄子50克，大米100克。

做法：

1.茄子洗净切碎，大米洗净。

2.二物同入锅，加清水适量，大火煮沸后改小火煮至粥成。

适宜年龄：

1岁以上。

营养解读：

清热解毒，可作为治疗小儿肝炎黄疸型的辅助食疗。

清蒸茄子

原料：

茄子1条，猪肉末50克，葱花、姜末各适量。

做法：

1. 茄子洗净、切片，放蒸笼或电饭锅内蒸熟。
2. 将猪肉末倒入锅内，加葱花、姜末炒熟，淋在蒸好的茄子上即可。

适宜年龄：

2岁以上。

营养解读：

香气扑鼻，好吃好看易消化，可促进宝宝生长发育。

炸茄盒

原料：

猪瘦肉100克，茄子200克，鸡蛋1个，面粉50克，盐、葱花、姜末、麻油各少量。

做法：

1. 猪瘦肉洗净，剁成肉泥，加入盐、葱花、姜末、麻油，拌匀。
2. 茄子洗净去皮，切连刀片，将肉馅塞入茄子内。
3. 鸡蛋打散，加面粉调成糊状，将茄子裹上面糊。
4. 锅中加油烧至七成热时放入茄盒，中火炸至两面金黄，内熟即可。

适宜年龄：

2岁以上。

营养解读：

香酥可口，但热量较大，频繁食用可能导致肥胖。

茄子土豆泥

原料：

茄子、土豆各100克，盐、香菜末、麻油各少量。

做法：

1. 茄子和土豆分别蒸熟、去皮捣泥。
2. 二泥搅拌在一起，加少量盐，再拌匀。
3. 撒上少许香菜末、麻油即可。

适宜年龄：

1岁以上。

营养解读：

容易消化吸收，含有粗纤维。

◇炸茄盒

蒜香茄子

茄子2条，大蒜头4瓣，葱花少许，麻油、盐各少量。

做法：

1. 茄子洗净，大蒜头去皮切末。
2. 茄子放入碟中，蒜末铺于其上，淋上麻油，撒盐，上沸水锅中蒸至快熟时撒上葱花即可。

适宜年龄：

18个月以上。

营养解读：

蒸茄子可以保存其所含的维生素P，减少营养流失。可清热活血。

西红柿——生津健胃

【选购】以果实饱满、外皮无损伤、色泽红艳均匀者为佳。

【性味归经】味甘、酸，性微寒。归肝、脾、胃经。

【功用】生津止渴，健胃消食。用于口渴、食欲不振。

【用法】生食、做菜、榨汁。

【宜忌】腹泻、消化不良者少食。

【营养成分】西红柿能清除大脑代谢产生的自由基，增强灵活性。其中番茄红素可抑制细菌,具有预防前列腺癌的作用；含有的苹果酸、柠檬酸，有助消化；尼克酸能维持胃液的正常分泌，促进红血球的形成。

专家经验谈

烧煮西红柿时稍微加些醋，可以破坏西红柿中的有害物质番茄碱。如果要生吃西红柿最好用开水烫洗表皮，这样既促使番茄红素释放，又能杀除表皮部分细菌。

(以每100克食物计算)

蛋白质	0.9克
脂肪	0.2克
碳水化合物	4克
硫胺素	0.03毫克
核黄素	0.03毫克
钙	10毫克
尼克酸	0.6毫克
维生素E	0.57毫克
维生素C	19毫克

凉拌三片

原料：

西红柿100克，胡萝卜100克，黄瓜100克，盐、醋、麻油各少量。

做法：

1. 西红柿洗净，用开水烫去皮，切成片；胡萝卜、黄瓜洗净，切菱形片，入沸水稍焯。
2. 将三片排放盘中，再将盐、醋、麻油倒入小碗中，拌匀，淋在三片上即可食用。

适宜年龄：

2岁以上。

营养解读：

西红柿配黄瓜，益阴生津作用增强，佐以胡萝卜，健脾消食作用更佳。

◇西红柿

◆西红柿煮鸡蛋

西红柿煮鸡蛋

原料：

小西红柿300克，鸡蛋3个，蒜末、糖、盐各少量。

做法：

1. 小西红柿洗净，鸡蛋打匀。鸡蛋下油锅翻炒几下，盛起备用。
2. 烧热油锅，下蒜末、小西红柿，加糖、盐、清水适量焖煮片刻。
3. 倒入鸡蛋，翻炒几下，加盐调味即可。

适宜年龄：

2岁以上。

营养解读：

开胃消食，可辅助治疗厌食症。

西红柿白菜肉片汤

原料：

西红柿1个，猪肉片100克，白菜50克，葱花少许，盐少量。

做法：

1. 西红柿洗净，切块；白菜洗净后切段。
2. 锅内加水烧开，倒入白菜和西红柿块，20分钟后放入猪肉片，煮熟后下盐调味并撒上葱花即可。

适宜年龄：

1岁以上。

营养解读：

可以将白菜换为其他青菜，味道清香，有利于幼儿成长。

洋葱——菜中皇后

【选购】以外皮完整光滑、无裂开和无损伤者为佳。

【性味归经】味甘微辛，性温。入肝、肺经。

【功用】平肝润肠，刺激食欲，抑菌防腐。

【用法】炒食。

【宜忌】不要过多食用，有胃病、皮肤瘙痒和眼疾者少食。

【营养成分】蔬菜中唯一含前列腺素A的蔬菜，可以扩张血管、降低血液黏度、降血压、预防血栓形成；含有大蒜素，有较强的杀菌能力；含有的硒是强抗氧化剂，可增强细胞活力，降低癌症发生率。

◇洋葱

(以每100克食物计算)

蛋白质	1.1克
脂肪	0.2克
碳水化合物	9克
硫胺素	0.03毫克
核黄素	0.03毫克
钙	24毫克

◇洋葱

专家经验谈

切洋葱前，先把菜刀放在冷水中浸泡片刻后再切，就不会刺激眼睛。

洋葱炒牛肉

原料：

洋葱250克，牛腿肉100克，酱油、盐、植物油、姜末、黄酒、淀粉各少量。

做法：

1.牛腿肉洗净、切丝，加盐、黄酒、淀粉上浆；洋葱洗净、切丝。

2.油锅烧热，放入牛腿肉丝炒熟出锅。

3.放入洋葱丝加酱油、盐、姜末稍炒，再倒入炒熟的牛腿肉丝同炒即可。

适宜年龄：

2岁以上。

营养解读：

洋葱可杀菌，有利于人体对营养的吸收，提高新陈代谢能力。

洋葱炒蛋

原料：

洋葱100克，鸡蛋2个，盐少量。

做法：

1. 洋葱洗净后去皮切片，鸡蛋打散搅匀。
2. 锅内下油加热，放入洋葱炒至断生后出锅，备用。
3. 锅内再下油加热，倒入鸡蛋液炒熟，再倒入炒好的洋葱，炒匀后加盐稍炒即可。

适宜年龄：

18个月以上。

营养解读：

洋葱用油炒过后会很香，容易引起宝宝的食欲；洋葱含有抗坏血酸，易被人体吸收。

◇洋葱炒蛋

洋葱炒肉丝

◇洋葱炒肉丝

原料：

洋葱150克，猪瘦肉100克，胡萝卜丝50克，蒜末、湿生粉、盐各少量。

做法：

1. 洋葱、猪瘦肉分别洗净切丝；猪瘦肉加盐、湿生粉稍腌。
2. 锅内下油加热，倒入肉丝炒至变白，捞出待用。
3. 锅内重新下油，爆香蒜末，倒入洋葱丝、胡萝卜丝，下盐，中火炒至快熟时倒入肉丝，炒熟即可。

适宜年龄：

18个月以上。

营养解读：

富含维生素、胡萝卜素、抗坏血酸等，可防止有害物质生成，增强免疫力。

西兰花——抗癌增进免疫力

【选购】以紧实干净、绿色菜叶紧裹菜花者为佳。

【性味归经】味甘，性凉。入肾、脾、胃经。

【功用】润肺止咳，防癌加强体质。

【用法】做菜或做沙拉。

【宜忌】西兰花常有农药残留，并易剩菜虫，放入淡盐水中浸泡几分钟，可清除菜虫和农药。

【营养成分】含有丰富的类黄酮，可以防止感染，阻止胆固醇氧化；含有叶酸，有利于人体吸收维生素；同时西兰花对婴儿视力有一定保护作用。

专家经验谈

西兰花富含维生素A、维生素C、维生素K，营养价值高。宝宝体内若缺乏维生素K，当受到轻微碰撞时，皮肤易变得青紫。因此常吃西兰花有助于加强、加厚血管壁。

◇西兰花

炒四丁

原料：

鸡肉丁、黄瓜丁、小朵西兰花、豆腐干丁各4勺，水淀粉、葱花、盐各少量。

做法：

1.西兰花焯烫后捞出，鸡肉丁加水淀粉拌匀。

2.锅内下油加热，爆香葱花，倒入鸡肉丁炒熟后，加入豆腐干丁、黄瓜丁和西兰花朵拌炒均匀后，加盐拌匀即可。

适宜年龄：

2岁以上。

营养解读：

黄瓜清热，豆腐干含植物蛋白质，西兰花含胡萝卜素和B族维生素。

(以每100克食物计算)

蛋白质	1.1克
脂肪	0.2克
碳水化合物	9克
硫胺素	0.03毫克
核黄素	0.03毫克
钙	24毫克

上素扒西兰花

原料：

西兰花250克，黑木耳、银耳、蘑菇、玉米笋各30克，生粉、盐各少量。

做法：

1. 西兰花切开洗净，入沸水煮熟捞起备用。
2. 烧热油锅，倒入所有材料翻炒片刻，加清水少量焖煮，加盐调味后以生粉勾芡，倒在西兰花上即可。

适宜年龄：

2岁以上。

营养解读：

富含维生素与纤维素，适合夏季食用。

◆上素扒西兰花

鸡胸肉炒西兰花

原料：

西兰花200克，鸡胸肉100克，灯笼椒、蒜末、生姜片、盐各少量。

做法：

1. 鸡胸肉洗净切块，灯笼椒切块。
2. 西兰花切开洗净，入沸水稍煮，捞起备用。
3. 烧热油锅，下姜片、蒜末、鸡块，翻炒片刻后入灯笼椒、西兰花，至鸡肉熟后加盐调味即可。

适宜年龄：

2岁以上。

营养解读：

含有丰富的蛋白质、维生素等营养物质，可促进宝宝智力发育。

◇鸡胸肉炒西兰花

◇白萝卜

白萝卜——化痰下气

【选购】以外表饱满硬实、不空心和无损伤者为佳。

【性味归经】味辛、甘，性凉。入肺、胃经。

【功用】消积滞，化痰下气，宽中解毒。

【用法】生食、炖汤、榨汁、做菜。

【宜忌】脾胃虚寒者勿食。

【营养成分】含有的芥子油有助于体内废物的排出。热量低，膳食纤维丰富，易产生饱腹感；含有的糖化酵素能分解致癌物质亚硝胺，起到抗癌作用。

专家经验谈

白萝卜在婴儿喂养上是一种很常用的副食品。

(以每100克食物计算)

蛋白质	0.9克	脂肪	0.1毫克	碳水化合物	5克
硫胺素	0.02毫克	核黄素	0.03毫克	钙	36毫克

吉祥三宝

原料：

白萝卜、胡萝卜各100克，猪瘦肉50克，姜末1小勺，湿生粉、盐各少量。

做法：

1.胡萝卜、白萝卜洗净，去皮切片，沸水锅中煮熟；猪瘦肉洗净切片，加盐、湿生粉拌匀稍腌。

2.锅内下油加热，倒入肉片炒至变色，再倒入煮熟的萝卜片、姜末，下盐大火炒熟即可。

适宜年龄：

2岁以上。

营养解读：

含有丰富的钙和多种矿物质，有利于生长发育。

◇吉祥三宝

◇萝卜炖排骨汤

萝卜炖排骨汤

原料：

萝卜500克，排骨250克，盐、葱各适量。

做法：

1. 排骨切块、氽水，萝卜切块。
2. 先将排骨炖至肉脱骨时，再加入萝卜、葱，炖熟后撇去汤面浮油，加入盐适量即可食用。

适宜年龄：

2岁以上。

营养解读：

味道鲜美，营养价值高。适用于儿童营养不良的辅助治疗。

◇萝卜、排骨、葱

胡萝卜——小人参

【选购】以粗大无损伤者为佳。

【性味归经】味甘，性平。人肺、脾经。

【功用】健脾消食，行气化滞，明目。常食能安五脏，增食欲，滋肾阴，壮元阳。

【用法】做菜、煲汤、煮粥。

【宜忌】食欲不振、腹胀、腹泻、咳喘痰多、视物不明者宜食用但不要过量。

【营养成分】内含琥珀酸钾，有助于防止血管硬化，降低胆固醇；胡萝卜素可清除令人衰老的自由基；挥发油可增进消化、杀菌；含有果胶物质，有助于人体排出有害成分。

◇胡萝卜

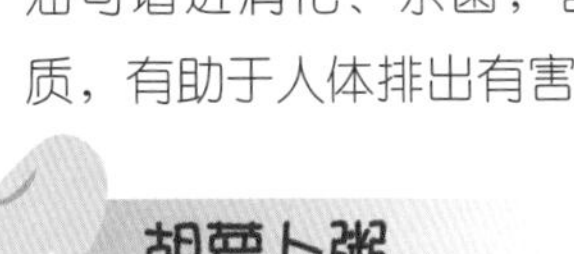

胡萝卜粥

原料：

新鲜胡萝卜、大米各适量。

做法：

1. 将胡萝卜洗净切碎，与大米同入锅内。
2. 加清水适量，煮至米开粥稠即可。

适宜年龄：

1岁以上。

营养解读：

本粥味甜，不宜多煮久放。可健脾和胃，明目。

◇胡萝卜粥

专家经验谈

用胡萝卜治疗小儿营养不良，有很好的效果。但要注意的是，烹调胡萝卜时放醋，会破坏维生素A原。

(以每100克食物计算)

蛋白质	1克
脂肪	0.2克
碳水化合物	8.8克
硫胺素	0.04毫克
核黄素	0.03毫克
钙	32毫克

蜜萝卜

原料：

胡萝卜半根，蜂蜜1勺，黄油、姜末各少量。

做法：

1. 胡萝卜洗净切片。
2. 胡萝卜片和蜂蜜、黄油、姜末同入锅，加少许沸水搅拌均匀。
3. 盖上锅盖，中火焖煮4~5分钟即可。

适宜年龄：

2岁以上。

营养解读：

甜香可口，胡萝卜含有丰富的胡萝卜素，蜂蜜有润肠通便作用，同食可防治便秘，预防夜盲症。

胡萝卜鸡肫汤

原料：

鸡肫2个，胡萝卜100克，姜片1片，盐少量。

做法：

1. 鸡肫去衣洗净切片，胡萝卜去皮切厚片。
2. 鸡肫片和姜片同入锅，加清水适量，大火煮沸后倒入胡萝卜片，改小火煮约1小时，出锅时加盐即可。

适宜年龄：

2岁以上。

营养解读：

喝汤吃胡萝卜。本汤健脾消滞，可作为治疗小儿肥胖症的辅助食疗。

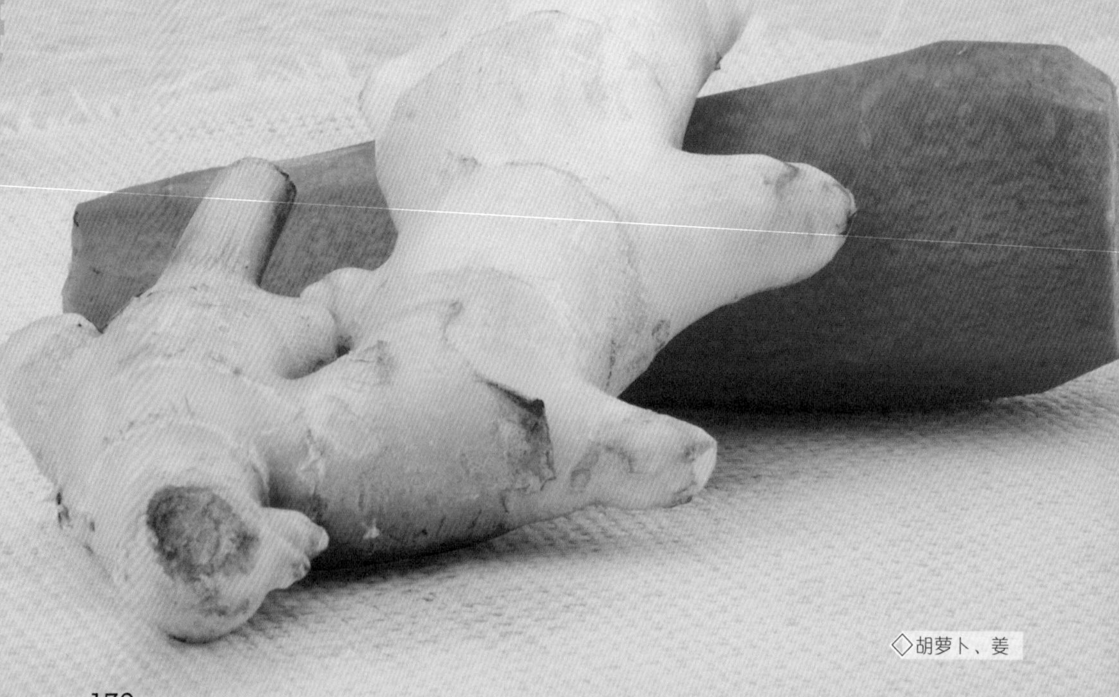

◇胡萝卜、姜

胡萝卜荸荠甘蔗汤

◇胡萝卜荸荠甘蔗汤

原料：

胡萝卜150克，荸荠150克，甘蔗400克。

做法：

1. 甘蔗切段、拍裂，胡萝卜去皮切块，荸荠去皮对半切开。
2. 往瓦煲内注入清水，放入全部材料，猛火煮沸后转小火煲1.5小时。

适宜年龄：

1岁以上。

营养解读：

甘蔗清热生津，胡萝卜补血健脾，荸荠开胃消食。

胡萝卜炒肉丁

原料：

胡萝卜、黄瓜、猪瘦肉各100克，盐、生粉各少量。

做法：

1. 胡萝卜洗净去皮切丁；黄瓜洗净去瓤切丁；猪瘦肉洗净切丁，加盐、生粉少量稍腌。
2. 烧热油锅，下胡萝卜丁、黄瓜丁炒至半熟，再倒入瘦肉丁一同翻炒至熟后，加盐调味即可。

适宜年龄：

18个月以上。

营养解读：

可加强小儿营养。

◇胡萝卜炒肉丁

土豆——地下苹果

◇土豆

【选购】以个头结实、没有发芽者为佳。

【性味归经】味甘，性平，微凉。入脾、胃经。

【功用】健脾补气，通便解毒。对消化不良有特效。

【用法】去皮煮熟食、炖汤、做菜。

【宜忌】发芽及带绿色的土豆含龙葵碱，有毒，不宜服用。脾胃虚寒、腹泻者不宜服食。

【营养成分】土豆中淀粉吸收缓慢，不会导致血糖过高；富含膳食纤维，可通便、降低胆固醇；其蛋白质中含有18种人体所需的氨基酸，是优质蛋白质；供给人体大量有特殊保护作用的黏液蛋白，能保持消化道、呼吸道以及关节腔、浆膜腔的润滑，并保持血管的弹性；土豆是碱性蔬菜，有利于体内酸碱平衡，中和体内代谢后产生的酸性物质。

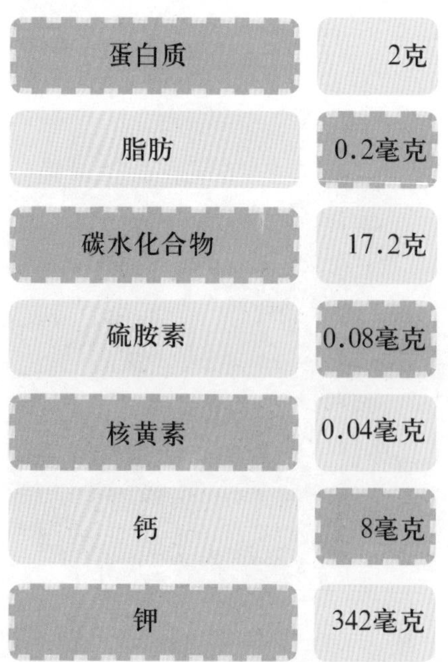

蛋白质	2克
脂肪	0.2毫克
碳水化合物	17.2克
硫胺素	0.08毫克
核黄素	0.04毫克
钙	8毫克
钾	342毫克

(以每100克食物计算)

专家经验谈

土豆和西红柿不宜同食：宝宝消化能力弱，而土豆在肠胃中会产生盐酸，与西红柿形成不溶于水的物质，可能会影响宝宝食欲。

圆椒酿土豆

原料：

青圆椒2个，土豆1个，盐少量。

做法：

1. 青圆椒洗净，去籽切圈，宽度约为3指宽；土豆洗净后煮熟，去皮捣成泥，加盐拌匀。
2. 将土豆泥塞入椒圈中，平摊在盘里，入锅蒸熟即可。

适宜年龄：

18个月以上。

营养解读：

青圆椒肉多但不辣，富含维生素，和土豆搭配颜色鲜艳，营养丰富。

土豆粥

原料：

土豆半个，大米100克，花生仁50克，冰糖适量。

做法：

1. 土豆洗净去皮切薄片；花生仁洗净去红衣，捣碎；大米洗净。

2. 三者同入锅，加适量清水，大火煮沸后倒入冰糖，改小火煮约半小时即可。

适宜年龄：

1岁以上。

营养解读：

补钙壮骨，有利于人体对蛋白质的吸收，可促进生长发育。

土豆小丸子

原料：

土豆1个，面粉适量，盐、五香粉各少量。

做法：

1. 土豆洗净煮熟，去皮后捣泥，倒入面粉调匀。

2. 土豆面粉泥中加盐和五香粉捏成小丸子状。

3. 锅内下油加热，至六成热时放入小丸子，炸至金黄色后出锅。

适宜年龄：

2岁以上。

营养解读：

土豆泥也可捏成自己喜欢的形状，还可以让宝宝参与制作。本菜肴香气扑鼻，口感细滑。

土豆小丸子

土豆煎饼

原料：

土豆1个，面粉50克，猪五花肉（三肥七瘦）20克，生抽、盐各少量。

做法：

1. 土豆洗净去皮，煮熟压成泥；猪五花肉洗净后搅成肉馅，炒熟。
2. 土豆泥和猪肉馅同入碗，倒入面粉、盐、生抽，拌匀后用手压成圆饼状。
3. 平底锅下油加热，放入土豆肉饼煎熟。

适宜年龄：

2岁以上。

营养解读：

可促进食欲，有利于生长发育。可将饼当“娃娃脸”，把紫菜、熟的胡萝卜等放在饼上做“眼睛”“嘴巴”，看起来十分有趣，会受到宝宝的喜爱。

土豆猪肉馅饼

原料：

猪瘦肉100克，土豆200克，鸡蛋1个，面粉、苏打粉各少许。

做法：

1. 猪瘦肉洗净、剁馅；土豆洗净、削皮，煮熟后捣成泥状；鸡蛋打散拌匀。
2. 往土豆泥中加入面粉、鸡蛋液、少许苏打粉和适量温水后揉成面团，揪成一个个小面团，擀成面片，包入肉馅。
3. 平底锅内放油，将土豆馅饼烙至两面皆成黄色即可。

适宜年龄：

2岁以上。

营养解读：

热量较高，适用于营养不良者食用。

番薯——土人参

【选购】以外表无损伤、无黑斑、无发芽者为佳。

【性味归经】味甘，性平，微凉。入脾、胃经。

【功用】益气生津，润肺滑肠。

【用法】蒸食、煮食、做粥。

◇番薯

【宜忌】胃痛、反胃、便溏者忌服。不宜冷食和多食。

【营养成分】含丰富的膳食纤维，可促进肠蠕动，防止便秘；富含18种氨基酸，其中包括人体所必需的8种必需氨基酸；是一种碱性食品，可以调整米面和肉类食物的酸性，维持人体健康所需的酸碱平衡。

营养素	含量	营养素	含量	营养素	含量
蛋白质	1.1克	脂肪	0.2克	碳水化合物	24.7克
硫胺素	0.04毫克	核黄素	0.04毫克	钙	23毫克
维生素C	26毫克	胡萝卜素	750微克		

(以每100克食物计算)

番薯糖水

原料：

番薯300克，红豆100克，冰糖适量。

做法：

1. 红豆洗净，浸泡几小时；番薯去皮洗净切块。
2. 锅中加水，加入红豆煮至六成熟时，放入番薯再煮半小时，加冰糖调味即可。

适宜年龄：

2岁以上。

营养解读：

这是一道甜品，富含膳食纤维，适合作零食食用。

苹果蒸番薯

原料：

苹果半个，番薯50克，高汤100毫升，砂糖、盐各少量。

做法：

1. 苹果洗净切三角块，番薯洗净去皮切半月形。
2. 将高汤和适量清水倒入锅中，下盐，倒入苹果块和番薯块，加砂糖，盖上锅盖焖煮，煮至番薯软熟即可。

适宜年龄：

1岁以上。

营养解读：

可当点心食用，也可当配菜。具有苹果的清香和番薯的天然甜味，含有丰富的维生素和膳食纤维，有利于生长发育。

山药——增强抵抗力

◇新鲜山药

【选购】以表皮光滑无伤痕、不干枯、无根须者为佳。

【性味归经】味甘，性平。入肺、脾、肾经。

【功用】健脾补肺，固肾益精。

【用法】去皮鲜炒、煮汤、煮粥。

【宜忌】大便秘结者不宜食用。

【营养成分】高糖，脂肪含量极少；钾的含量较高，具有减肥健美的作用；含有淀粉糖化酶、淀粉酶等多种消化酶，胃胀时食用，有促进消化的作用；黏蛋白可以防止黏膜损伤，并且在胃蛋白酶的作用下保护胃壁，预防胃溃疡和胃炎。

(以每100克食物计算)

蛋白质	1.9克
脂肪	0.2毫克
碳水化合物	12.4克
硫胺素	0.05毫克
核黄素	0.02毫克
钙	16毫克
钾	213毫克

◇山药（干品）

山药粥

◇山药粥

原料：

山药（干品）15克，大米100克。

做法：

将山药磨成粉状，与大米一同入锅加适量开水煮粥。每天食用3次，每次30克。

适宜年龄：

1岁以上。

营养解读：

有收涩作用，适用于秋季腹泻。

香酥山药

原料：

新鲜山药500克，淀粉适量，砂糖、醋各少量。

做法：

1. 山药洗净，武火蒸烂后取出，去皮，切成3厘米的段，再一剖两半，用刀拍扁。
2. 锅中油烧至七成热时放入山药，炸至呈金黄色时捞出。
3. 留余油少许，再放入炸好的山药、砂糖、100毫升水，文火烧5分钟后即转武火，加醋，用水淀粉勾芡即可。

适宜年龄：

2岁以上。

营养解读：

健脾开胃，适用于小儿营养不良。

山药饼

原料：

新鲜山药300克，面粉、蜂蜜各适量。

做法：

1. 山药去皮洗净，磨成泥，倒入面粉，沿同一方向和匀成糊，再按成若干圆饼。
2. 锅内下油加热，放入山药饼小火煎至两面均为金黄色，出锅淋上蜂蜜即可。

适宜年龄：

18个月以上。

营养解读：

山药健脾助消化，可增强体质。除了饼状外，也可随意制作为其他形状，还可让宝宝也参与进来。

香酥山药

山药鸡汤

◇山药、鸡

原料：

净鸡1只，山药50克，莲子10颗，银耳1朵，蜜枣4枚，盐少量。

做法：

1. 莲子泡发去心，银耳泡发撕小朵，山药去皮切块。
2. 鸡去脚，沸水中汆水去血沫和去鸡皮。
3. 锅内加水煮沸，倒入鸡、山药、莲子、银耳、蜜枣，小火煲煮1～2小时，出锅前加盐。

适宜年龄：

1岁以上。

营养解读：

喝汤吃肉，清润健脾，有利于增强体质。

◇山药鸡汤

◇藕

藕——滋补佳珍

【选购】以外皮黄褐色、长而粗、气味清新者为佳。两端封闭的藕，会比较少泥且容易洗净。

【性味归经】生藕味涩，性凉；煮熟后味甘，性微温。入心、脾、胃经。

【功用】生者能清热、凉血、散瘀，治热病烦渴、吐血、衄血、热淋。熟者能健脾、开胃、益血、生肌、止泻。

【用法】生食、做菜、捣汁或晒干磨粉煮粥。

【宜忌】忌铁器。

【营养成分】含铁量高，含糖量不高，含有大量膳食纤维，对缺铁性贫血和便秘都有益；有丰富的丹宁酸，具有收缩血管和止血的作用。

(以每100克食物计算)

蛋白质	1.9克
脂肪	0.2克
碳水化合物	12.4克
硫胺素	0.05毫克
核黄素	0.02毫克
钙	39毫克

专家经验谈

藕粉富含蛋白质、葡萄糖、淀粉、钙、铁、磷等营养物，可促进消化、增强食欲，特别适合小儿食用。

藕遇鸡丁

原料：

藕100克，鸡胸肉50克，黄瓜丁1勺，生姜5片，湿生粉、盐各少量。

做法：

1. 藕去皮切丁；鸡胸肉切丁，加盐、湿生粉稍腌。
2. 锅内下油加热，倒入鸡丁炒熟。
3. 锅内重新下油加热，倒入姜片、藕丁、黄瓜丁、盐炒至快熟时，再加入鸡丁炒至入味，出锅前湿生粉勾芡即可。

适宜年龄：

2岁以上。

营养解读：

凉血止血，富含维生素、胡萝卜素等营养。

藕盒

原料：

藕200克，猪瘦肉100克，盐少量。

做法：

1. 藕去皮，切成连刀块；猪瘦肉洗净后剁成肉末，加盐拌匀。
2. 肉馅放入藕夹中。
3. 锅内下油加热，放入藕夹用小火煎至金黄色，煎透、肉熟即可出锅。

适宜年龄：

2岁以上。

营养解读：

兼具藕和猪肉的香味，荤素搭配，营养好。

香炸藕饼

原料：

莲藕500克，猪肉馅100克，鸡蛋1个，面粉、盐各适量。

做法：

1. 莲藕切成夹片，酿入猪肉馅；鸡蛋打匀，加面粉适量调成糊。
2. 藕饼裹上面糊，放入八成热的油锅中炸熟后即可。

适宜年龄：

2岁以上。

营养解读：

酥香可口，富含营养。

香炸藕饼

◇芫荽

芫荽——芳香透疹

【选购】以气味清香、茎杆硬挺、叶片新鲜不蔫者为佳。

【性味归经】味辛，性温。入肺、脾经。

【功用】发汗透疹，消食下气。主治麻疹透发不畅，食物积滞。

【用法】沸水氽后食、炒食、煎汤内服或外洗。

【宜忌】麻疹已透，或虽未透出而热毒壅滞，非风寒外束者忌食。

【营养成分】含丰富的维生素C，有助于增强人体免疫力；挥发油含量高，可刺激食欲、消食下气、发汗透疹。

芫荽黄豆汤

原料：

芫荽30克，黄豆10克，盐少量。

做法：

1. 芫荽、黄豆洗净。
2. 黄豆入锅，加水适量煎煮15分钟，再加入芫荽同煮15分钟后即成。服时加入少量食盐调味，去渣喝汤，每天1次或分次服完。

适宜年龄：

1岁以上。

营养解读：

扶正祛邪，可治疗风寒感冒。

芫荽豆腐汤

原料：

鸡蛋1个，芫荽100克，嫩豆腐1块，盐少量。

做法：

1. 鸡蛋打散备用，豆腐洗净切小块，芫荽洗净切段。
2. 锅内加水煮沸，下油，放入豆腐块、芫荽段，大火煮开后中火煮熟，倒入鸡蛋液，出锅前加盐即可。

适宜年龄：

1岁以上。

营养解读：

清热降火，健胃消食。

◇芫荽、鸡蛋

(以每100克食物计算)

蛋白质	1.8克	脂肪	0.4毫克	碳水化合物	6.2克
硫胺素	0.04毫克	核黄素	0.14毫克	钙	101毫克

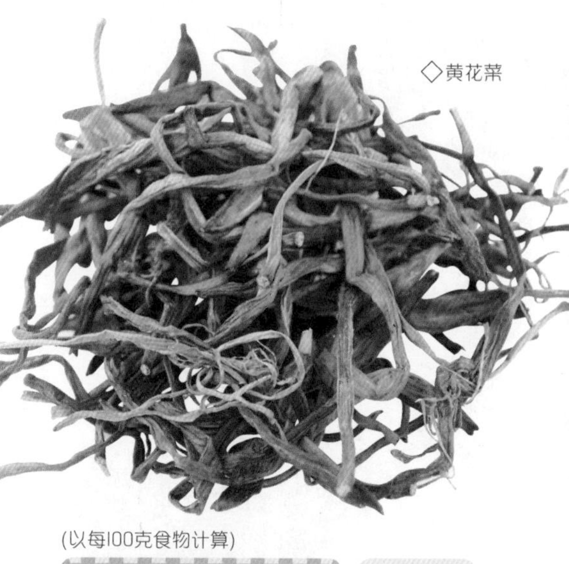

黄花菜——健脑菜

【选购】鲜品以条长匀称、色泽金黄者为佳；干品以黄中带黑褐色、质轻干燥者为佳。

【性味归经】味微苦，性寒。入肝经。

【功用】安神定志，清热利尿，解毒消肿，止血除烦，宽胸膈。可用于尿频、尿急、血尿、泌尿道结石等症。

【用法】做汤、炒食。

【宜忌】宜用干品，鲜品要沸水焯烫后再浸泡2小时以上，否则可能中毒。

【营养成分】富含卵磷脂，可增强和改善大脑功能；含有丰富的膳食纤维，可促进排便。

(以每100克食物计算)

蛋白质	19.4克
脂肪	1.4克
碳水化合物	34.9克
硫胺素	0.05毫克
核黄素	0.21毫克
钙	301毫克

专家经验谈

干黄花菜宜煮熟食用，与肉类同煮时疗效最佳，有助于治疗小儿贫血。

黄花菜粥

原料：

干黄花菜100克，红枣5枚，粳米100克，冰糖适量。

做法：

1. 黄花菜泡发洗净，红枣去核洗净，粳米淘净。
2. 粳米与红枣、黄花菜同入锅，加适量清水煮粥，小火煮烂后加冰糖即成。

适宜年龄：

1岁以上。

营养解读：

益智健脑，促进大脑发育。

什锦素菜

原料：

干黄花菜50克，腐竹50克，胡萝卜100克，黑木耳（干品）20克，香菇4朵，盐少量。

做法：

1. 黄花菜、腐竹、黑木耳、香菇泡发后切丝，胡萝卜洗净后切丝。
2. 全部入锅沸水中烫熟后捞出，沥干水分。
3. 油锅加热，倒入各材料加盐稍炒即可。

适宜年龄：

2岁以上。

营养解读：

色彩鲜艳，食材丰富，可提高免疫力，促进食欲。

黄花菜汤

原料：

干黄花菜20克，盐少量。

做法：

1. 黄花菜洗净。
2. 黄花菜放入锅中，加清水适量，大火煮沸后改小火煮约半小时，最后加盐即可。

适宜年龄：

1岁以上。

营养解读：

清热利尿消肿，可用于治疗流行性腮腺炎的辅助饮食。

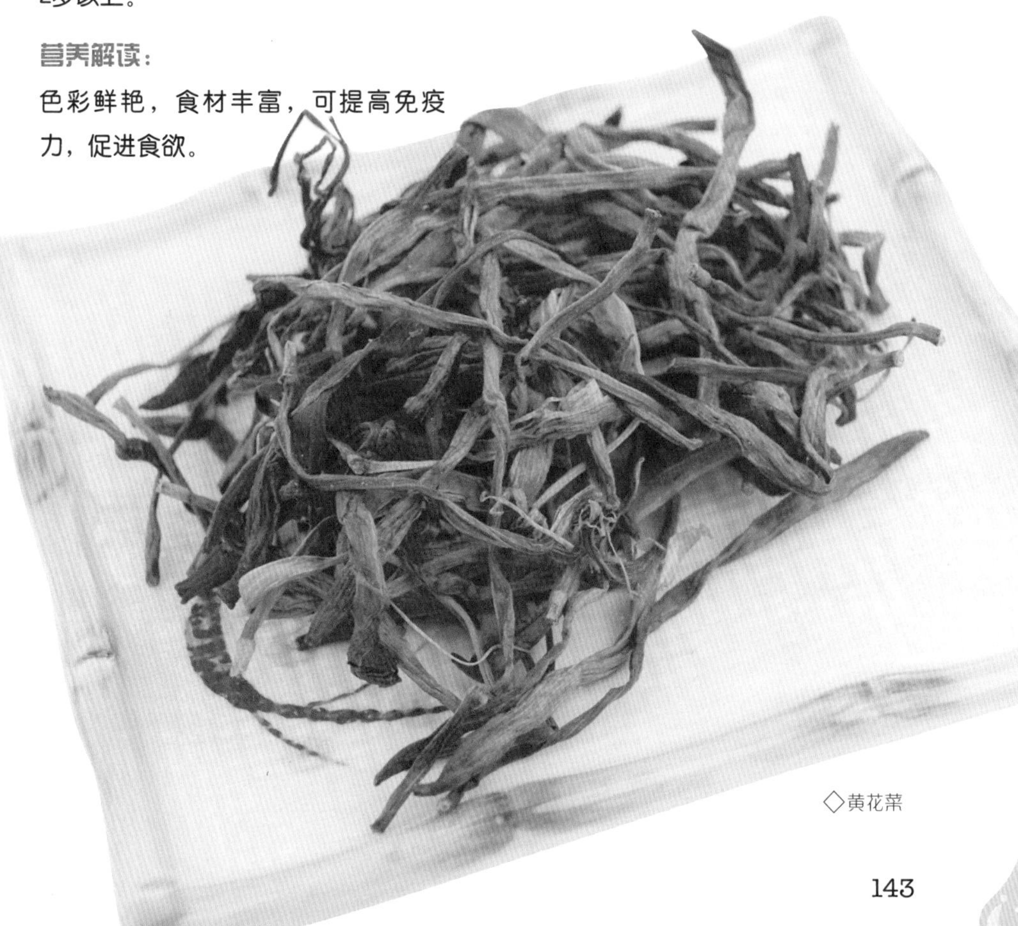

◇黄花菜

（四）干果类

干果味醇可口，含有丰富的油脂和不饱和脂肪酸，有利于婴幼儿的大脑发育。但是食用量一般不宜过多，以免引起腹泻。

莲子——宁神安睡

【选购】 以颗粒圆润饱满、无皱、整齐、无虫蛀者为佳。

【性味归经】 味甘、涩，性平。入心、脾、肾经。

【功用】 养心安神，健脾止泻，补肾。

【用法】 鲜品可去壳生食，干品可配菜、煮粥、做羹、炖汤、做糕点等。

【宜忌】 大便干结、疟疾、疳积等症忌用。

【营养成分】 含有丰富的磷，是细胞核蛋白的主要组成部分，帮助机体进行蛋白质、脂肪、糖类代谢，并维持酸碱平衡；莲子心有很好的祛心火的功效，可以治疗口舌生疮，并有助于睡眠。

◇莲子

（以每100克食物计算）

蛋白质	17.2克
脂肪	2克
碳水化合物	67.2克
硫胺素	0.16毫克
核黄素	0.08毫克
钙	97毫克
磷	550毫克
钾	846毫克

莲子芡实猪肉汤

原料：

莲子、芡实各50克，猪肉200克，盐少量。

做法：

1. 猪肉洗净切块。
2. 所有材料一同入锅，加适量水大火煮沸后改小火煲煮约1小时，出锅时加盐即可。

适宜年龄：

2岁以上。

营养解读：

补肾健脾，益智安神，有利于大脑发育。

◇莲子芡实猪肉汤

莲子百合羹

原料：

莲子15颗（去心），百合20克，砂糖适量。

做法：

1．莲子和百合洗净，放入炖盅内加适量清水，隔水炖熟后取出。

2．用勺背将炖熟的莲子和百合压成泥，调入砂糖拌匀，再放回锅中隔水炖约15分钟即可。

适宜年龄：

1岁以上。

营养解读：

养心安神，可作为小儿夜啼的辅助食疗。

莲子花生糖水

原料：

莲子40克，花生仁40克，砂糖少量。

做法：

1．莲子泡发后去心。

2．莲子和花生仁同入锅，加适量水小火炖煮1小时，加砂糖调味后拌匀稍煮即可。

适宜年龄：

1岁以上。

营养解读：

益肾补血，可用于身体虚弱和食欲不振者。

◁莲子百合羹

核桃——抗氧化之王

(以每100克食物计算)

蛋白质	14.9克
脂肪	58.8克
碳水化合物	19.1克
硫胺素	0.15毫克
核黄素	0.14毫克
钙	56毫克

【选购】以完整饱满、油脂丰富、无油臭味、色黄者为佳。

【性味归经】味甘，性温。入肺、肾经。

【功用】益智健脑，固齿乌发，润肠通便，温肺定喘。

【用法】去壳生食、炖汤，或磨粉放入粥中。

【宜忌】脂肪含量较高，多食易致腹泻。便溏、腹泻、痰热咳喘的幼儿不能吃。

【营养成分】所含的不饱和脂肪酸（内有亚油酸）可降低胆固醇，提高细胞的生长速度；大量的磷脂和赖氨酸，可补充脑部营养，增强记忆力；核桃中的磷脂，对脑神经有良好的保健作用。

◇核桃肉

专家经验谈

核桃能滋润肠胃、和中补血，对治疗婴儿便秘、肛门裂开出血等症状有不错的效果。

核桃仁炒丝瓜

原料：

核桃1个，丝瓜100克，盐少量。

做法：

1. 核桃去壳，取仁，切粒；丝瓜去皮切片。
2. 锅内下油加热，倒入丝瓜片翻炒至软，再倒入核桃粒炒熟，待出锅时加盐炒匀。

适宜年龄：

18个月以上。

营养解读：

富含磷脂和不饱和脂肪酸，对大脑发育有益处。

◇核桃

核桃莲藕汤

◇核桃莲藕汤

原料：

核桃5个，胡萝卜、莲藕各100克，葱花、盐各少量。

做法：

1.核桃去壳取仁，核桃仁泡水，去掉薄皮后捣碎；胡萝卜及莲藕分别去皮，洗净切小块。

2.全部材料加水同放入锅中大火煮沸后转小火煲2小时，最后加少量盐调味即可。

适宜年龄：

2岁以上。

营养解读：

核桃富含不饱和脂肪酸，还可乌发。本汤可用于幼儿头发黄而稀少。

核桃仁粥

原料：

核桃1个，大米100克。

做法：

1.核桃去壳取仁，将核桃仁泡水后，去掉薄皮，捣碎。

2.核桃碎和大米一起下锅，加水适量煮成粥。

适宜年龄：

1岁以上。

营养解读：

适合早餐食用。可健脑补肾，养血益智。

◇核桃仁粥

栗子——干果之王

◇栗子

【选购】以颗粒完整、壳坚硬、无腐烂和无虫眼者为佳。

【性味归经】味甘，性温。入脾、胃、肾经。

【功用】养胃健脾，补肾强筋，活血止血。降低胆固醇，防止血栓、病毒侵袭。

【用法】去壳生食、做粥、炒菜或炖汤。

【宜忌】生食止血，熟食补益，但不可多食。

【营养成分】糖和淀粉的含量高达70%；维生素B、维生素C含量高于其他干果。含有的不饱和脂肪酸和多种维生素，可有效地预防和治疗高血压病、动脉硬化等心血管疾病。

专家经验谈

栗子不宜与牛肉同食：栗子所含的维生素易与牛肉中的微量元素发生反应，既削弱了栗子的营养价值，又不易消化。

(以每100克食物计算)

蛋白质	4.2克	脂肪	0.7毫克	碳水化合物	42.2克
硫胺素	0.14毫克	核黄素	0.17毫克	钙	17毫克

◇栗子粥

栗子粥

原料：

栗子100克，大米100克。

做法：

1.栗子去壳煮熟，碾碎。

2.与大米、清水同入锅熬煮成粥。

适宜年龄：

1岁以上。

营养解读：

松软香甜，健脾养胃，补肾强筋。

栗子瘦肉汤

原料：

栗子肉150克，猪瘦肉200克，盐少量。

做法：

1. 猪肉洗净，切块，入锅汆水。
2. 猪肉倒入沙锅，放入栗子肉，加水适量，大火烧沸后改用文火慢炖至肉熟栗子烂，熟后加盐调味即可。

适宜年龄：

1岁以上。

营养解读：

本汤味道清香，健脾理气。

栗肉饭

原料：

猪瘦肉100克，栗子50克，大米100克。

做法：

1. 猪瘦肉洗净后切小块，栗子去壳去皮，大米洗净。
2. 起油锅，把猪肉块、栗子肉入锅煸炒至七成熟时，倒入大米锅内，加水适量拌匀，煮成饭即可。

适宜年龄：

2岁以上。

营养解读：

栗肉饭含蛋白质、脂肪、碳水化合物、维生素等多种营养成分，能补肾气、健脾胃。

栗子瘦肉汤

花生——长生果

◇花生

【选购】以颗粒大而饱满、无霉蛀者为佳。

【性味归经】味甘，性平。入脾、肺经。

【功用】养血补脾，润肺化痰，止血，润肠通便。

【用法】生食、炒食、煮食、做粥或做汤。

【宜忌】寒湿停滞及腹泻者忌服，炒食易上火。

【营养成分】高蛋白，富含卵磷脂等神经系统所需要的重要物质；含有生物活性很强的天然多酚类物质，可预防和防治动脉粥样硬化；所含脂肪大部分是不饱和脂肪酸，可降低胆固醇，预防心血管疾病；花生衣有很好的补血止血效果。

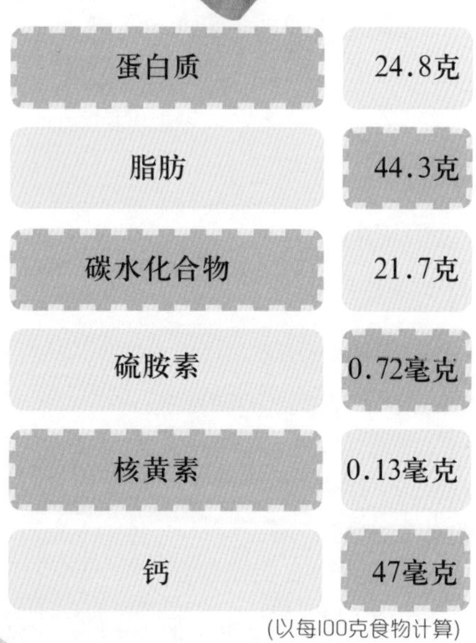

蛋白质	24.8克
脂肪	44.3克
碳水化合物	21.7克
硫胺素	0.72毫克
核黄素	0.13毫克
钙	47毫克

(以每100克食物计算)

专家经验谈

花生衣可以促进凝血，加强血小板的收缩功能，对齿龈出血、外伤流血等出血性疾病有一定的疗效。

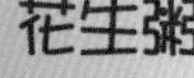

花生粥

◇花生粥

原料：

白米粥1碗，花生50克，葱末、盐各少量。

做法：

1. 花生去皮轧碎。
2. 白米粥加热，加入花生碎和盐搅匀，再撒上葱末即可。

适宜年龄：

2岁以上。小心宝宝被花生碎噎住。

营养解读：

润肺益气，含有丰富的营养素，可加强人体对卵磷脂的消化吸收及增强记忆力。

◇花生排骨汤

花生排骨汤

原料：

花生仁50克，猪排骨250克,大枣5枚。

做法：

1.猪排骨洗净切块，花生仁洗净。

2.二物同放入煲内，加水炖汤，最后加入大枣同煮即可。

适宜年龄：

1岁以上。喂汤吃排骨。

营养解读：

富含不饱和脂肪酸，可增强记忆力，滋润皮肤。

专家经验谈

如果宝宝不喜欢吃花生，很可能是由于他不习惯咀嚼花生的感觉，可以把花生煮烂些再食用。

◇花生、排骨、大枣

◇白芝麻

白芝麻——美肤明目

【选购】以外观色泽均匀饱满、有香气者为佳。

【性味归经】味甘，性平。入肝、肾、肺、脾经。

【功用】补肝肾，润五脏，美肌肤。

【用法】炒熟后食用。

【宜忌】腹泻、慢性肠炎、牙痛时不宜服食。

【营养成分】含亚油酸、花生油酸等不饱和脂肪酸，可以抑制胆固醇、防止动脉硬化、抗癌补脑。

蛋白质	18.4克	脂肪	39.6克	碳水化合物	31.5克
硫胺素	0.36毫克	核黄素	0.26毫克	钙	620毫克
铁	14.1毫克	锌	4.21毫克		

(以每100克食物计算)

芝香菠菜

原料：

菠菜50克，鸡胸肉20克，白芝麻1勺，生抽、砂糖、麻油各少量。

做法：

1.鸡胸肉洗净切丝，入沸水锅中煮熟，捞出备用。

2.菠菜洗净焯烫，凉开水冲后沥干水分，切长段。

3.鸡肉丝和菠菜段放入同一个盘中，倒入生抽、砂糖、麻油拌匀，撒上白芝麻即可。

适宜年龄：

2岁以上。

营养解读：

口感清淡，有浓郁的芝麻香气，营养更易吸收。

芝麻番薯饭

原料：

番薯30克，大米50克，白芝麻1勺，盐少量。

做法：

1.大米洗净，番薯洗净切小丁。

2.将二物一同放入电饭煲，加适量水常法煮饭。

3.煮好后将饭打散拌匀，撒上白芝麻，加盐调味即可。

适宜年龄：

2岁以上。

营养解读：

粗细粮搭配，含有丰富的维生素与膳食纤维，散发出番薯自然的甜味，能让宝宝爱上吃饭，还有助于滑肠通便。

黑芝麻——壮骨护发

【选购】以色泽均匀、颗粒饱满、干燥、有香气者为佳。

【性味归经】味甘，性平。入肝、肾经。

【功用】滋补肝肾，生津润肠，润肤护发，抗衰祛斑，明目。

【用法】炒食、煮粥、入菜。

【宜忌】腹泻、牙痛、皮肤病者勿食。炒熟的芝麻不宜多食。

【营养成分】含有亚油酸、花生油酸等不饱和脂肪酸，可抑制胆固醇、脂肪，防癌补脑；富含维生素，有助于骨骼成长；其脂肪油大多为不饱和脂肪酸，是构成脑细胞的重要物质，经常食用可改善记忆。

◇黑芝麻

(以每100克食物计算)

蛋白质	19.1克
脂肪	46.1克
碳水化合物	24克
硫胺素	0.66毫克
核黄素	0.25毫克
钙	780毫克
铁	22.7毫克
锰	17.8毫克

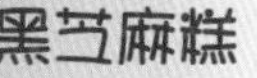

黑芝麻糕

原料：

黑芝麻100克，蜂蜜150毫升，玉米粉200克，面粉500克，鸡蛋2个，发酵粉25克。

做法：

1. 黑芝麻炒熟，磨成粉状;鸡蛋打散备用。
2. 芝麻粉和玉米粉、蜂蜜、面粉、鸡蛋液、发酵粉和在一起，加水和成面团，在35℃温度下发酵2小时。
3. 发好后上蒸锅内蒸20分钟至熟即可。

适宜年龄：

1岁以上。

营养解读：

健胃益智，促进大脑发育。

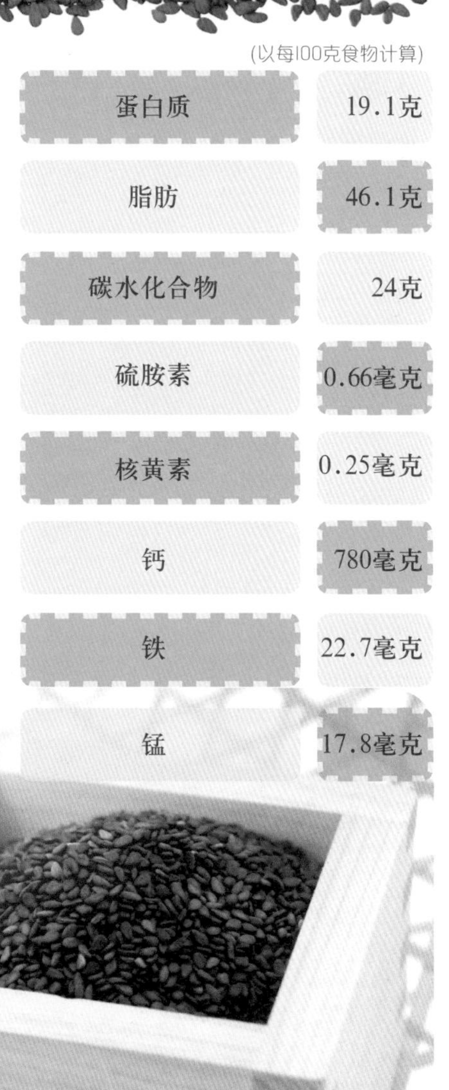

◇黑芝麻

黑芝麻栗子饭

原料：

大米50克，栗子5颗，黑芝麻1勺。

做法：

1. 栗子去壳入沸水中稍烫，去皮取肉；大米洗净。

2. 栗子肉和大米同入锅，加适量清水煮熟，撒上黑芝麻即可。

适宜年龄：

2岁以上。

营养解读：

含有丰富的蛋白质、淀粉和碳水化合物，香甜可口，可促进生长发育。

◇黑芝麻

黑芝麻糊

原料：

炒熟的黑芝麻100克。

做法：

1. 将炒熟的黑芝麻捣成粉末状。

2. 芝麻粉泡开水，搅成糊状即可。

适宜年龄：

1岁以上。

营养解读：

滋养头发，补肝肾，润五脏。

◇黑芝麻糊

大枣——天然维生素丸

【选购】以颗粒饱满且有光泽、肉质肥厚、个头均匀、口感松脆香甜者为佳。

【性味归经】味甘，性平。入脾、胃经。

【功用】补益脾胃，滋养阴血，养心安神。用于脾气虚所致的食少、泄泻。

【用法】鲜食或者晒干食，也可煲汤。

【宜忌】胃脘胀满及痰湿盛、小儿疳积、胃肠积滞、齿常痛者忌用。

【营养成分】含有环磷酸腺苷，能扩张冠状动脉，增强心肌收缩力；维生素P的含量高于其他水果。

◇大枣

◇大枣

苹果大枣粥

原料：

苹果1个，大枣20枚，糯米100克，红糖少量。

做法：

1. 苹果洗净后切碎，糯米、大枣洗净。
2. 苹果碎和大枣同入锅，加适量清水大火煮沸后改小火煎煮2次，去渣取汁。
3. 糯米入锅加水，大火煮沸后改小火煮成粥，倒入苹果大枣汁，加红糖煮沸即可。

适宜年龄：

1岁以上。

营养解读：

养心益智，有利于大脑发育。

蛋白质	1.1克	脂肪	0.3克		
硫胺素	0.06毫克	核黄素	0.09毫克	钙	22毫克
锌	1.52毫克	胡萝卜素	240微克	碳水化合物	30.5克

(以每100克食物计算)

◇大枣小豆粥

大枣小豆粥

原料：

大枣10枚，大米100克，赤小豆20克。

做法：

1. 大枣洗净、去核；大米淘净；赤小豆洗净，隔水蒸熟，捣烂成糊。
2. 大枣和大米一同入锅，加水煮熟。
3. 把赤小豆糊倒入熬好的红枣粥中，拌匀即可。亦可加少量砂糖调味。

适宜年龄：

1岁以上。

营养解读：

适用于小儿营养不良。

大枣粥

原料：

大枣15枚，大米50克。

做法：

大枣去核后洗净；大米淘洗干净，加水同放入锅中，大火煮沸后改文火慢慢熬煮即可。粥成后可加冰糖调味。

适宜年龄：

1岁以上。

营养解读：

本粥带有大枣的香味，口感香甜，补益气血，可用于幼儿厌食、拒食，且适合于脾胃功能薄弱者食用。

◇大枣粥

大枣莲藕猪骨汤

原料：

大枣3枚，莲藕、猪骨各250克，桂圆肉10克，胡萝卜100克，盐适量。

做法：

1.大枣洗净备用；莲藕去皮，洗净切小块；胡萝卜去皮切块，洗净备用；猪骨汆水，斩块备用。

2.将上述材料放入瓦煲当中，加入清水适量，大火煮沸后小火煲2小时，加入适量食盐调味即可。

适宜年龄：

2岁以上。

营养解读：

味道鲜美，富有营养。

（五）菇菌类

菇菌类食物含有丰富的矿物质、维生素、氨基酸等多种营养物质，热量低，对宝宝生长发育十分有益。

◇平菇

平菇——高蛋白低脂肪

【选购】以片大、平顶、菌伞较厚、边缘完整、柄较短者为佳。

【性味归经】甘，凉。入肠、胃、肺经。

【功用】开胃理气，化痰解毒，透疹，止吐止泻。主治呕吐泄泻、小儿麻疹透发不畅等。

【用法】煮汤或炒菜。

【宜忌】脾胃虚寒者不宜多食。

【营养成分】平菇中的蛋白多糖体对癌细胞有很强的抑制作用，能增强机体免疫功能；含有抗菌作用的抗生素，还有利于胃肠作用的菌糖、甘露糖、维生素和帮助消化的各种酶等；含有微量牛磺酸，对脂类物质的消化吸收有重要作用。

专家经验谈

平菇适合小儿营养不良、食欲不振食用。

蛋白质	1.9克	脂肪	0.3毫克	碳水化合物	4.6克
硫胺素	0.06毫克	核黄素	0.16毫克	钙	5毫克

(以每100克食物计算)

平菇鳝丝汤

原料：

平菇50克，黄鳝50克，生姜10克，清汤适量。

做法：

1. 平菇洗净，对半切开；生姜切丝；黄鳝去黏液，切段。
2. 烧锅下油、姜丝、黄鳝，翻炒数下，加入清汤煮沸后加入平菇，煮至熟后调味即可。

适宜年龄：

2岁以上。

营养解读：

味道鲜美，富有营养，促进生长。

◇平菇鳝丝汤

平菇肉片

原料：

平菇100克，猪瘦肉50克，水淀粉、蒜片、盐各少量。

做法：

1.猪瘦肉洗净后切薄片；平菇洗净去根，撕片。

2.锅内下油加热，加入肉片炒至变白，再放蒜片、平菇、盐，炒匀炒熟，倒入水淀粉勾芡即可出锅。

适宜年龄：

1岁以上。

营养解读：

口感爽滑幼嫩，可增强机体免疫力。

金针菇——增智菇

金针菇

【选购】以柄硬挺、新鲜无腐烂者为佳。

【性味归经】味甘，性平。入肝、胃经。

【功用】益智，透疹，止吐止泻。

【用法】煮汤或炒菜。

【宜忌】脾胃虚寒者不宜多食。

【营养成分】含有锌和赖氨酸，有利于幼儿智力发育；能有效增强机体生物活性，促进新陈代谢。

蛋白质	2.4克
脂肪	0.4毫克
碳水化合物	6克
硫胺素	0.15毫克
核黄素	0.19毫克

(以每100克食物计算)

金针菇炒蛋

金针菇炒蛋

原料：

金针菇50克，鸡蛋1个，盐少量。

做法：

1. 金针菇去根洗净，鸡蛋打撒后搅匀。
2. 油锅烧热，倒入蛋液，小火慢煎成蛋饼，盛出备用。
3. 锅内加油，烧至七成热时倒入金针菇炒软，再倒入蛋饼翻炒打散，出锅前加少许盐炒匀即可。

适宜年龄：

1岁以上。

营养解读：

金针菇可促进新陈代谢，有利于各种营养素的吸收和利用，还有利于生长发育。

金针菇炒猪肉

原料：

猪肉200克，金针菇100克，胡萝卜丝、芹菜丝、盐各少量。

做法：

1. 猪肉洗净切成条状，金针菇洗净。
2. 油锅下油烧至七成热，倒入猪肉炒至白色，盛起备用。
3. 往锅中加少量油并倒入金针菇、胡萝卜丝、芹菜丝，炒熟后倒入肉丝翻炒片刻，待出锅时加盐即可。

适宜年龄：

2岁以上。

营养解读：

本菜肴营养美味且色彩缤纷，十分适合宝宝食用。

香菇——鲜美山珍

◇香菇

【选购】以体圆完整、干燥、无霉菌者为佳。

【性味归经】味甘，性平。入胃、肾、肝经。

【功用】补气健脾，和胃益肾，滋味助食。

【用法】炒食、作馅、做汤。

【宜忌】饮食积滞者不宜食用。痧痘后忌食。

【营养成分】高蛋白、低脂肪、多糖、多种氨基酸、多种维生素；较丰富的植物蛋白质，可保持正常糖代谢及神经传导，恢复免疫功能；含有的多糖体是最强的免疫剂和调节剂，具有明显的抗癌活性。

(以每100克食物计算)

蛋白质	20克
脂肪	1.2克
碳水化合物	61.7克
硫胺素	0.19毫克
核黄素	1.26毫克
钙	83毫克

专家经验谈

香菇洗净后用清水泡发，再将泡香菇的水倒入菜中，味道会更鲜美。

香菇白菜

原料：

白菜200克，水发香菇5朵，盐少量。

做法：

1. 香菇泡发，切小块；白菜洗净。
2. 油锅烧热，倒入香菇块稍炒，放盐炒匀。
3. 改为大火，倒入白菜稍炒，混合均匀就可出锅。

适宜年龄：

1岁以上。

营养解读：

香菇含有丰富的铁和其他微量元素，白菜含有丰富的无机盐和纤维，同食可减脂健胃。

◇香菇、大白菜

◇香菇红枣蒸鸡

香菇红枣蒸鸡

原料：

香菇3朵，红枣2枚，无骨鸡肉200克，姜丝、盐、砂糖各适量。

做法：

1. 鸡肉洗净切小块，加姜丝、盐、砂糖腌渍半小时；红枣去核，切半。香菇洗净，切块。
2. 加盐适量将香菇、鸡肉、红枣搅拌均匀，入锅蒸熟即可。

适宜年龄：

1岁以上。

营养解读：

香菇健脾益胃，红枣滋阴和胃，鸡肉补中益气，共食可养气开胃，有助于改善小儿食欲不振等症。

黑木耳——血管清道夫

【选购】以有弹性、朵乌黑无光泽、朵背略呈灰白色者为佳。

【性味归经】味甘，性平。入胃、大肠经。

【功用】凉血止血，益气补血。

【用法】炒菜、做汤。

【宜忌】慢性腹泻者勿食。

【营养成分】含有丰富的矿物质；含有胶质，可吸附残留在人体消化系统的灰尘、杂质，清胃、涤肠；铁含量极为丰富，能养血驻颜，防治缺铁性贫血；含有维生素K，能减少血液凝块。

◇黑木耳

蛋白质	12.1克	脂肪	1.5克	碳水化合物	65.6克
硫胺素	0.17毫克	核黄素	0.44毫克	钙	247毫克

(以每100克食物计算)

专家经验谈

干木耳放入温水中，再加入2勺淀粉搅拌几下，这样可以去除干木耳中残留的沙粒等杂质。

什锦蔬菜

原料：

土豆、蘑菇、胡萝卜、黑木耳及新鲜山药各15克，高汤适量，盐、麻油、淀粉各少量。

做法：

1. 黑木耳泡发、撕小朵，其他原料洗净、切片，待用。
2. 油锅烧热后放入胡萝卜片、土豆片和山药片煸炒片刻，再放入高汤。
3. 烧开后，加入蘑菇片、黑木耳和少许盐，烧至原料酥烂，然后用淀粉勾芡，再淋上少许麻油即成。

适宜年龄：

18个月以上。

营养解读：

黑木耳含铁量高，有补血益气功效。

◇木耳肉片汤

木耳肉片汤

原料：

猪瘦肉50克，黑木耳30克，葱花、盐各少量。

做法：

1. 猪瘦肉洗净切片；黑木耳温水泡发，切丝，洗净。
2. 锅内下油加热，先倒入黑木耳炒熟，再加入盐和适量清水焖烧约4分钟。
3. 锅内再放入猪肉片，小火煮至熟，出锅时撒上葱花即可。

适宜年龄：

1岁以上。

营养解读：

健脑益智，有利于大脑发育。

黑木耳红枣粥

原料：

黑木耳2朵，红枣10枚，大米100克，冰糖少量。

做法：

1. 黑木耳放入温水中泡发，切成条状；大米淘洗干净；红枣去核。
2. 大米与红枣同入锅，加水适量煮粥，粥熟时倒入黑木耳条，小火煮烂后加冰糖即成。

适宜年龄：

1岁以上。

营养解读：

可作为治疗小儿慢性肺炎的辅助食疗。

◇黑木耳红枣粥

木耳豆腐汤

原料：

新鲜黑木耳30克，嫩豆腐1块，虾皮1小勺，油菜20克，高汤2碗，盐少量。

做法：

1.嫩豆腐切小块，黑木耳洗净切片，油菜洗净，虾皮洗净。

2.往锅内倒入高汤，煮沸后加豆腐、虾皮续煮两三分钟。

3.再倒入黑木耳片、油菜煮熟，出锅前加盐即可。

适宜年龄：

2岁以上。

营养解读：

味道鲜美，颜色搭配好，富含蛋白质、纤维素等营养素。

◇银耳

银耳——菌中之冠

【选购】以干燥、色泽白中稍带微黄、肉厚朵整、蒂头无杂质者为佳。

【性味归经】甘，平。入肺、胃经。

【功用】养阴生津，润肺健脾。用于肺胃阴虚所致的口渴、便秘、咽喉干燥、干咳、咯血、阴虚液亏虚等证。

【用法】炒菜、做汤。

【宜忌】风寒咳嗽者不宜服食。

【营养成分】含有酸性异多糖，可增强免疫力；富含硒等微量元素，能提高肝脏解毒能力，增强机体抗肿瘤的免疫力；富有天然特性胶质，可以润肤；含膳食纤维，可助胃肠蠕动，减少脂肪吸收；富含维生素D，能防止钙的流失，对生长发育十分有益。

银耳瘦肉汤

原料：

银耳1大朵，雪梨1个，猪瘦肉300克，盐少量。

做法：

1. 银耳泡发后去根蒂，撕成小朵；雪梨去皮洗净，切块；猪瘦肉洗净后入沸水锅中汆水。
2. 沙锅中加清水大火煮沸后，放入全部用料，小火煲煮熟后加盐即可。

适宜年龄：

1岁以上。

营养解读：

银耳富含胶原蛋白，本汤带有雪梨的甜，清香不腻，很符合幼儿的口味，还可满足生长需要。

◇银耳瘦肉汤

蛋白质	10克	脂肪	1.4克	碳水化合物	67.3克
硫胺素	0.05毫克	核黄素	0.25毫克	钙	36毫克

(以每100克食物计算)

银耳糯米粥

原料：

银耳1大朵，红枣5枚，枸杞子10颗，莲子（去心）10粒，糯米50克，冰糖少量。

做法：

1. 莲子、糯米洗净，清水浸泡2小时；银耳水发撕碎；红枣和枸杞子洗净。
2. 锅内加适量清水，倒入莲子、糯米、银耳，大火煮沸后转小火熬煮。
3. 熬至黏稠时，放入红枣、冰糖和少量清水，大火煮沸后再转小火续煮片刻，最后撒入枸杞子稍煮即可。

适宜年龄：

1岁以上。

营养解读：

含有丰富的胶原蛋白、维生素和无机盐，可补血安神、滋润肠胃。

银耳雪梨膏

原料：

银耳10克，雪梨1个，冰糖少量。

做法：

1. 银耳水发去蒂，雪梨去核切片。
2. 二物同入锅，加清水适量同煮至汤稠，再加入冰糖溶化即成。

适宜年龄：

1岁以上。

营养解读：

每天2次，吃雪梨、银耳，饮汤。银耳滋阴润肺，养胃生津，为补益肺胃之上品；雪梨清肺止咳；冰糖滋阴润肺；相佐用于小儿阴虚肺燥、干咳痰稠及肺虚久咳之症颇佳。

◇银耳雪梨膏

◇银耳莲子汤

银耳莲子汤

原料：

银耳20克，莲子30克，枸杞子10颗，冰糖少量。

做法：

1. 银耳水发，去杂，撕成小片。
2. 莲子入锅加3碗水煮，快熟时放入银耳、枸杞子和冰糖稍煮即可。

适宜年龄：

2岁以上。

营养解读：

清甜可口，富含胶原蛋白，滋阴润燥，可促进新陈代谢。

（六）肉类

肉类含有丰富的脂肪、蛋白质和矿物质，其B族维生素含量是众多食物中最高的。不宜生吃，通常炒菜、做汤、作馅食用。

猪肉——补中益气

◇猪肉

【选购】以肉质紧实有弹性、色泽明亮者为佳。

【性味归经】味甘、咸，性平。入脾、胃、肾经。

【功用】补肾养血，滋阴润燥。主治热病伤津，消渴羸瘦，肾虚体弱，产后血虚，燥咳，便秘。

【用法】炒、煮、烤或做药膳食，熬汤饮。

【宜忌】虚胖、血脂高或痰湿盛者宜少食。

【营养成分】维生素B_1含量居肉类之首，有助于分解糖类；含有丰富的蛋白质，且易于被吸收；含有血红蛋白，可补铁。

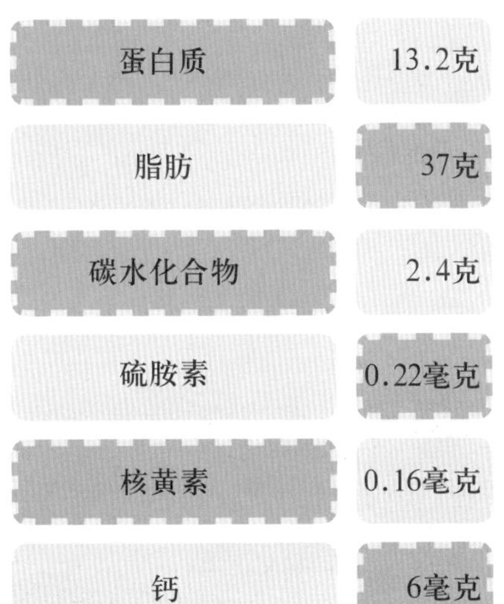

蛋白质	13.2克
脂肪	37克
碳水化合物	2.4克
硫胺素	0.22毫克
核黄素	0.16毫克
钙	6毫克

（以每100克食物计算）

专家经验谈

购买猪肉时要去正规摊点，选择肉膘在1～2厘米以上，颜色不太鲜红，脂肪和肌肉间连接不松散的猪肉。

肉泥粥

原料：

猪五花肉（半肥瘦）100克，大米200克，葱姜末、盐各少量。

做法：

1. 猪五花肉洗净，剁泥，加葱姜末和盐拌匀；大米洗净。
2. 大米入锅，加适量清水，大火煮沸后倒入肉泥，拌匀改小火煮至粥成肉熟即可。

适宜年龄：

1岁以上。

营养解读：

含有蛋白质、脂肪等营养素，补钙壮骨，可促进生长发育。

肉蛋卷

原料：

鸡蛋4个，猪瘦肉末100克，盐、水淀粉、葱末、姜末各适量。

做法：

1. 鸡蛋打散，搅匀；猪瘦肉末加盐、水淀粉拌匀稍腌，再倒入葱末、姜末拌匀。
2. 平底锅加油烧热，倒入蛋液，摊成蛋饼，出锅备用。
3. 肉末平摊在蛋饼上卷好，边上沾水淀粉粘牢，放入盘中入锅蒸15分钟。
4. 出锅后待温斜切成拇指宽的卷状，即可食用。

适宜年龄：

1岁以上。

营养解读：

可以让宝宝拿在手上吃，味道好，营养丰富，可健脑益智。

◆肉蛋卷

枣麦猪肉汤

原料：

猪瘦肉100克，小麦25克，红枣、甘草各10克，生姜1片，盐少量。

做法：

1. 分别洗净各材料，猪瘦肉洗净切块。
2. 甘草放入锅内加水煎煮，滤汁备用。
3. 放入全部材料，加入甘草汁，小火煮至小麦、红枣烂熟，加盐少量调味即可。

适宜年龄：

1岁以上。

营养解读：

补锌养血益智，可增强记忆力。

◇枣麦猪肉汤

丝瓜蒸肉丸

原料：

猪五花肉（三分肥七分瘦）100克，丝瓜200克，生粉适量，盐、酱油各少量。

做法：

1. 猪五花肉洗净后，剁成肉泥；丝瓜去皮，切段。
2. 肉泥加盐、生粉搅拌均匀，做成肉丸；丝瓜加酱油少量拌匀。
3. 丝瓜放入碟底，肉丸放在丝瓜上面，入锅内蒸10～15分钟即可。

适宜年龄：

1岁以上。

营养解读：

这道菜可补充微量元素锌，同时还具有清热解暑的功效。

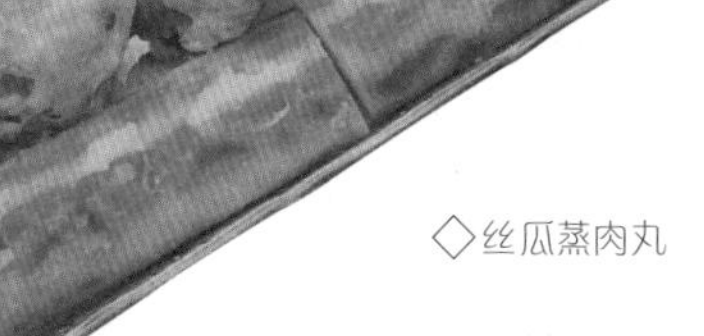

◇丝瓜蒸肉丸

猪肝——补铁神物

【选购】以按压紧实有弹性、有光泽、无腥臭异味者为佳。

【性味归经】味甘、苦，性温。入肝经。

【功用】补肝明目，养血。

【用法】做汤、炒食。

【宜忌】胆固醇含量高，不宜多食。

【营养成分】铁含量高，人体的吸收利用率高，可防治贫血等；含有硒，可增强人体免疫力；含有泛酸，具有抗压作用。

◇猪肝

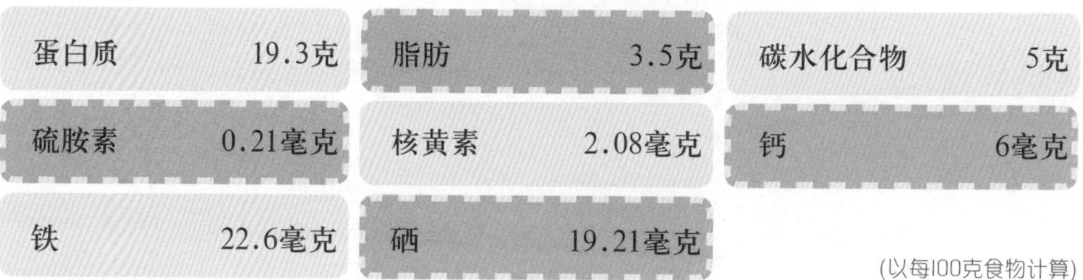

成分	含量	成分	含量	成分	含量
蛋白质	19.3克	脂肪	3.5克	碳水化合物	5克
硫胺素	0.21毫克	核黄素	2.08毫克	钙	6毫克
铁	22.6毫克	硒	19.21毫克		

(以每100克食物计算)

◇猪肝

猪肝菠菜面

原料：

猪肝20克，菠菜50克，面条适量，姜末、盐各少量。

做法：

1. 猪肝洗净、切薄片；菠菜洗净、切段。
2. 油锅烧热后，放入猪肝、姜末、盐煸炒3分钟后，再放入菠菜同炒。
3. 加水加面条，面条熟后即可食用。

适宜年龄：

1岁以上。

营养解读：

含有丰富的蛋白质、脂肪和碳水化合物，促进宝宝生长发育。

山药枸杞猪肝汤

原料：

猪肝100克，山药、枸杞子各20克，盐少量。

做法：

1. 猪肝洗净切片，清水浸泡10分钟。
2. 山药、枸杞子入锅，加水适量煮20分钟，放入猪肝煮至熟，加盐调味即可。

适宜年龄：

1岁以上。

营养解读：

味道鲜美，富含营养，可养肝明目。

猪肝羹

原料：

猪肝50克，麻油、盐各少量。

做法：

1. 猪肝洗净，剖开去筋膜，剁成泥状。
2. 猪肝末放入碗内，加麻油、盐拌匀，隔水蒸20分钟即可。

适宜年龄：

1岁以上。

营养解读：

猪肝补铁补锌强身，促进发育。

◇山药枸杞猪肝汤

猪蹄——平价“燕窝”

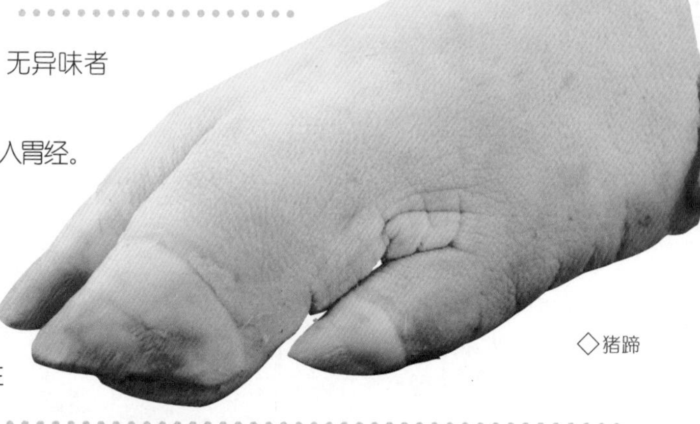

◇猪蹄

【选购】以外表及切面稍湿润、无异味者为佳。

【性味归经】味甘、咸，性平。入胃经。

【功用】补血，通乳，托疮。

【用法】煮食、做汤。

【宜忌】不宜多食。

【营养成分】含有较多的胶原蛋白，可滋补肌肤；含有维生素K等有益成分。

营养成分	含量	营养成分	含量	营养成分	含量
蛋白质	23.6克	脂肪	17克	碳水化合物	3.2克
硫胺素	0.13毫克	核黄素	0.04毫克	钙	32毫克
胆固醇	86毫克				

(以每100克食物计算)

◇牛奶黄豆猪蹄汤

牛奶黄豆猪蹄汤

原料：

猪蹄1只，牛奶200毫升，黄豆150克，葱段、姜片、盐各少量。

做法：

1. 猪蹄去毛洗净，入沸水锅中汆水；黄豆泡发。
2. 猪蹄入锅，加适量清水，和姜片、葱段一起煮沸，去浮沫。
3. 锅内倒入黄豆，小火炖至猪蹄八成熟。去掉姜片、葱段，加牛奶和盐，煮沸后再小火煮至猪蹄熟烂。

适宜年龄：

1岁以上。

营养解读：

壮骨补钙，有利于骨骼生长发育。

猪骨——强骨补钙

【选购】以无异味、表面微微湿润、新鲜者为佳。

【性味归经】味甘，性微温。入肾经。

【功用】补钙，滋补肾阴，填补精髓。用于贫血等。

【用法】做汤。

【宜忌】做汤时可撇去面上一层浮油，以免太过油腻。

【营养成分】含有铁、磷等营养成分，可提供人体生理活动必需的优质蛋白质；含有钙，可维护骨骼健康。

蛋白质	18.3克
脂肪	20.4克
碳水化合物	1.7克
硫胺素	0.8毫克
核黄素	0.15毫克
钙	8毫克
磷	125毫克

(以每100克食物计算)

专家经验谈

用猪骨煲汤时，先将猪骨敲碎，再加少量醋，可以更好地吸收猪骨中的钙质。

◇猪骨

猪骨汤面

原料：

猪脊骨100克，陈醋20毫升，宝宝面适量。

做法：

1. 猪脊骨洗净。
2. 猪脊骨放入锅中，加适量清水和陈醋煮汤，熟后撇去浮油。
3. 宝宝面煮熟，用猪骨汤做汤底，可加青菜。

适宜年龄：

1岁以上。

营养解读：

补钙强骨，促进生长发育，适用于小儿营养不良，亦可作为小儿佝偻病的辅助食疗。

豆芽猪骨汤

原料：

猪骨250克，黄豆芽200克，黄豆、猪瘦肉各100克，胡椒5克，老姜5克，盐适量。

做法：

1. 分别洗净各材料，猪骨、猪瘦肉斩块汆水。
2. 往瓦煲内注入适量清水，猛火烧开后放入全部材料，小火煲2小时，加盐即可饮用。

适宜年龄：

1岁以上。

营养解读：

此汤具有利尿排毒、除烦清热等功能，有助于增强抗病毒能力。

豆芽猪骨汤

姜片红枣猪骨汤

姜片红枣猪骨汤

原料：

猪骨250克，生姜4片，红枣40克，盐少量。

做法：

1．红枣去核，猪骨斩块汆水。

2．往瓦煲内注入适量清水，放入全部材料，猛火煮沸后转小火煲2小时，食用前加入少量盐调味即可。

适宜年龄：

1岁以上。

营养解读：

红枣健脾和胃、益气补血，猪骨补阴益髓。

薏苡仁海带猪骨汤

原料：

猪骨200克，海带100克，薏苡仁15克，枸杞子5克，生姜5克，盐少量。

做法：

1．分别洗净各材料，薏苡仁用开水泡半小时，海带切片，猪骨斩块。

2．烧锅下油，待油热时放入生姜、猪骨，中火炒至猪骨发白时注入清水，放入薏苡仁煮20分钟，加入海带、枸杞子，中火煮20分钟，加盐调味即可。

适宜年龄：

1岁以上。

营养解读：

本汤可利水消暑。

薏苡仁海带猪骨汤

猪骨胡萝卜汤

原料：

猪骨200克，胡萝卜200克，芹菜150克，盐少量。

做法：

1. 芹菜去叶及根，切段；胡萝卜去皮切厚片；猪骨斩块，汆水。
2. 往瓦煲内注入清水，放入胡萝卜、芹菜、猪骨，猛火煮沸后转小火煲2小时，食用前加入少量盐调味即可。

适宜年龄：

1岁以上。

营养解读：

芹菜清热利水、降血压和血脂，胡萝卜补血健脾，猪骨补虚益髓。

◇猪骨、胡萝卜、芹菜

猪肚——健脾补益

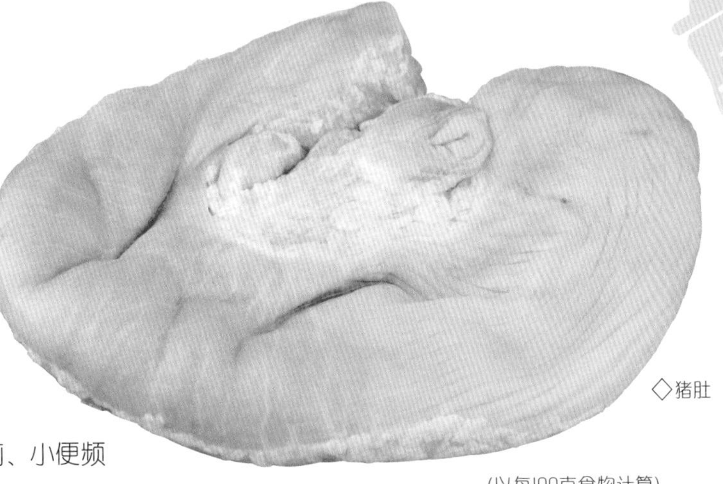
◇猪肚

【选购】以白色略带浅黄、有光泽、有弹性、无异味者为佳。

【性味归经】味甘，性微温。入脾、胃经。

【功用】补虚损，健脾胃。用于虚劳羸弱、泻泄、下痢、小便频数、小儿疳积等症。

【用法】炒食、煮汤等。

【宜忌】一定要煮得熟烂后才给宝宝吃，否则不易吞咽。

【营养成分】是猪内脏中胆固醇含量最低的部位。

(以每100克食物计算)

蛋白质	15.2克
脂肪	5.1克
碳水化合物	0.7克
硫胺素	0.07毫克
核黄素	0.16毫克
钙	11毫克

专家经验谈

猪肚可以用面粉、油搓洗后水冲干净，去掉黏液，再以酒、醋洗。去腥后余水，取出入冷水稍泡即可。

煨猪肚

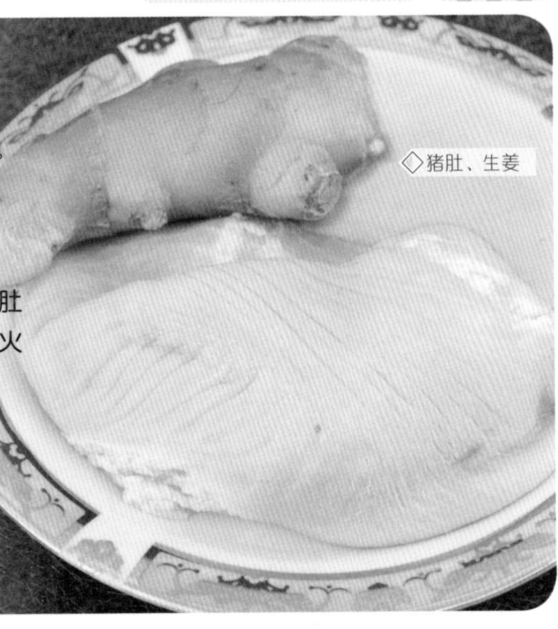
◇猪肚、生姜

原料：

猪肚1个，小茴香、生姜、盐各少量。

做法：

1. 猪肚内外洗净、切小块。
2. 小茴香、生姜用纱布包好，与猪肚同放入锅内，加水大火煮沸后改小火慢炖，调入少量盐即可。

适宜年龄：

2岁以上。

营养解读：

健脾胃，可促进身体生长发育。

山楂猪肚汤

原料：

猪肚200克，山楂10克，生姜片5克，盐少量。

做法：

1. 洗净各种材料，猪肚氽水、切块。
2. 把山楂、猪肚、生姜一起放入煲内，加入清水适量，武火煮沸后再改用小火煮40分钟，最后加入盐调味即可。

适宜年龄：

1岁以上。

营养解读：

山楂健脾开胃、活血散瘀，猪肚健胃养胃、散寒止呃。此汤可用于治疗小儿脾胃虚弱、食欲不振等症状。

山楂猪肚汤

鱼腥草猪肚汤

鱼腥草猪肚汤

原料：

猪肚半个，鱼腥草50克，盐少量。

做法：

1. 鱼腥草洗净备用；猪肚翻转搓洗干净，用沸水煮5分钟，捞起备用。
2. 往沙锅内注入适量清水，鱼腥草放于猪肚中，扎好，放入锅内，猛火煮沸后转小火煲2小时，食用前加入适量盐调味即可。

适宜年龄：

1岁以上。

营养解读：

鱼腥草清热解毒、利尿消肿，猪肚健脾胃、补肝明目。本汤有清热解毒、健脾开胃的作用。

◇牛肉

牛肉——温补养五脏

【选购】以外观干净湿润有弹性、色泽深红、切面有光泽者为佳。

【性味归经】味甘，性平。入脾、胃经。

【功用】补脾胃，益气血，强筋骨。用于虚损羸瘦、脾虚不运、痞积、水肿、腰膝酸软等症。

【用法】炒食、炖汤。

【宜忌】黄牛肉性温为发物，患疮疥湿疹、痘痧、瘙痒者慎用。

【营养成分】肌氨酸含量高于其他食物；含有肉毒碱和维生素，有利于肌肉生长。

专家经验谈

烹制牛肉时，加一个山楂或一块陈皮或一点儿茶叶，可使其易熟入味。

蛋白质	19.9克	脂肪	4.2克	碳水化合物	2克
硫胺素	0.04毫克	核黄素	0.14毫克	钙	23毫克

(以每100克食物计算)

西红柿牛肉汤

◇西红柿牛肉汤

原料：

嫩牛肉200克，西红柿1个，葱段、姜片、盐各少量。

做法：

1. 嫩牛肉焯烫后切片，西红柿去皮切块。
2. 锅内加入3碗水，倒入牛肉片、西红柿块、姜片大火煮，沸后改小火续煮半小时，出锅时撒葱段、加盐即可。

适宜年龄：

18个月以上。

营养解读：

牛肉富含铁质，健脾养胃，可预防贫血。

◇牛肉鲜蔬卷

牛肉鲜蔬卷

原料：

牛肉片5条，土豆50克，胡萝卜50克，盐少量。

做法：

1.胡萝卜、土豆分别洗净后去皮，切成约5厘米长的条，同入锅煮至七成熟后，捞出沥干水。

2.牛肉片平铺，将煮好的胡萝卜条、土豆条放在上面卷紧。

3.平底锅内下少许油加热，放入牛肉卷边煎边晃锅，牛肉熟后加盐即可。

适宜年龄：

2岁以上。

营养解读：

荤素搭配得宜，综合了牛肉和土豆、胡萝卜的营养。

莲藕赤小豆炖牛肉

原料：

牛肉150克，莲藕250克，赤小豆15克，红枣2枚，生姜3片，盐适量。

做法：

1.莲藕切件，牛肉切大块。

2.往沙锅内注入清水，放入各种材料，猛火煮沸后转小火煲1小时，食用前加入适量盐调味即可。

适宜年龄：

1岁以上。

营养解读：

莲藕清热凉血、止血散瘀，牛肉健脾益肾、补气养血、强筋健骨。

◇莲藕赤小豆炖牛肉

羊肉——御寒补气血

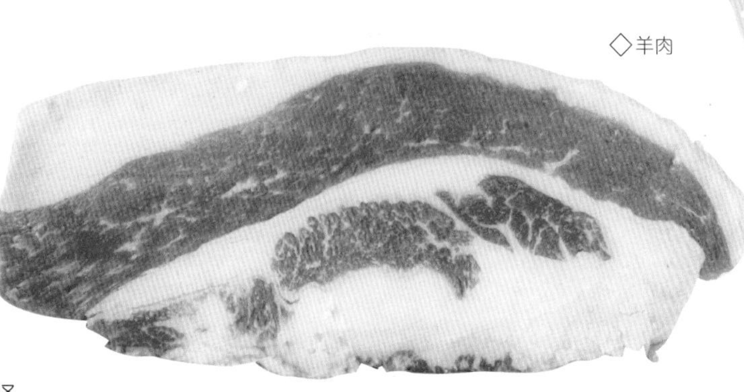

【选购】以色泽为浅红色或鲜红色、肉质坚实、脂肪为白色且分布均匀者为佳。

【性味归经】味甘，性热。入脾、胃、肾、心经。

【功用】温补脾胃，温补肝肾。

【用法】炒食、做汤。

【宜忌】感冒、发炎者不宜服食。不宜与南瓜同食，忌用铜器烹调。

【营养成分】胆固醇含量低，含有的尼克酸可增进血液循环。

专家经验谈

羊肉热量高，抗寒及抗肺病能力高于牛肉；另外，其含铁量高，是猪肉的6倍。

蛋白质	19克	脂肪	14.1克	维生素A	5克
硫胺素	0.05毫克	核黄素	0.14毫克	钙	6毫克
胆固醇	22.6毫克	尼克酸	4.5毫克		

(以每100克食物计算)

羊骨汤

原料：

羊骨500克，葱段、姜片各适量，陈醋、盐各少量。

做法：

1. 羊骨洗净敲碎，放入沙锅中。
2. 锅内加水、葱段、姜片、陈醋，大火煮沸后改小火煲煮2小时，加盐调味即可。

适宜年龄：

2岁以上。

营养解读：

补钙、强筋、固齿，有助于骨骼生长。

羊肉粥

原料：

羊肉50克，黑豆2小勺，大米100克。

做法：

1. 羊肉洗净切细丝，黑豆泡发，大米洗净。
2. 羊肉与黑豆、大米同入锅，加水适量，大火煮沸后改小火煲煮至粥熟。

适宜年龄：

2岁以上。

营养解读：

羊肉具有补虚、健脾的功效，适用于体虚易感冒、自汗乏力者。

◇玉竹红枣核桃羊肉汤

玉竹红枣核桃羊肉汤

原料：

玉竹30克，羊肉250克，核桃仁5克，红枣2枚，生姜3片，盐少量。

做法：

1.核桃仁去皮切丁，红枣去核，羊肉切块、汆水。

2.往瓦煲内注入清水，放入全部材料，猛火煮沸后转小火煲2小时，食用前加入少量盐调味。

适宜年龄：

1岁以上。

营养解读：

玉竹滋阴润燥，羊肉益气补虚，核桃仁补脑益智、润肠通便。

黑豆羊肉汤

原料：

黑豆200克，羊肉500克，桂圆肉5颗，姜3片，盐少量。

做法：

1.黑豆干炒至外衣裂开，洗净，沥干水分；羊肉洗净切块；桂圆肉洗净。

2.锅内加水煮沸，倒入黑豆、羊肉块、桂圆肉和姜片，改中火炖2～3小时，出锅时加盐即可。

适宜年龄：

18个月以上。

营养解读：

补肾安神，可增强记忆力。

◇黑豆羊肉汤

土豆焖羊腩

原料：

羊腩200克，土豆2个，生姜10克，葱5克，蚝油、酱油、盐各适量。

做法：

1. 葱切段，生姜切片，土豆去皮、切块，羊腩切块、汆水。
2. 烧锅下油，放入姜片、葱段爆香后放入羊腩，再加水、蚝油、酱油煮半小时。
3. 放入土豆再焖1小时，加盐适量调味即可。

适宜年龄：

2岁以上。

营养解读：

补益五脏，强健体魄。

羊肉丸汤

原料：

羊肉150克，菠菜50克，盐、姜片、葱段各少量。

做法：

1. 羊肉洗净剁泥，加盐拌匀，做成小肉丸；菠菜洗净切段。
2. 锅内加水和葱段、姜片，大火煮沸后放入羊肉丸。
3. 煮至肉丸浮起，倒入菠菜段，煮熟出锅时加盐调味即可。

适宜年龄：

2岁以上。

营养解读：

明目护眼，有利于视力发育。

◇土豆焖羊腩

鸡肉——补气养血

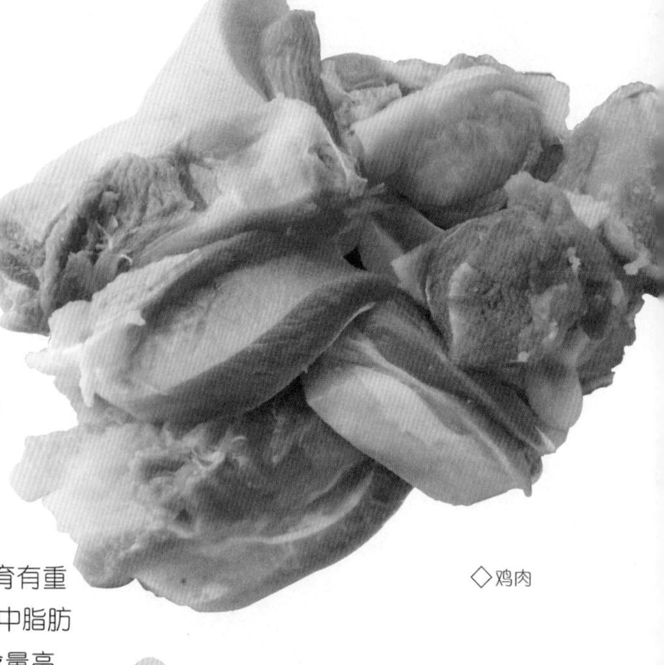
◇鸡肉

【选购】以鸡皮呈米色有光泽、肉质紧密有弹性并呈淡粉红色者为佳。

【性味归经】味甘，性温。入脾、胃经。

【功用】温中，益气，补精，添髓。

【用法】炒食、炖汤。

【宜忌】感冒发烧者不宜食用；痰湿者、内火旺者不宜食用。

【营养成分】含有对人体生长发育有重要作用的磷脂类，是人们膳食结构中脂肪和磷脂的重要来源之一；蛋白质含量高，氨基酸种类多，消化率高，脂肪多为不饱和脂肪酸，是婴幼儿的理想蛋白质来源；含有大量胶原蛋白，能补充人体所缺少的水分和弹性，延缓皮肤衰老。

(以每100克食物计算)

蛋白质	19.3克
脂肪	9.4克
碳水化合物	1.3克
硫胺素	0.05毫克
核黄素	0.09毫克
钙	9毫克

鸡肉饭

原料：

米饭1小碗，鸡肉30克，胡萝卜10克。

做法：

1. 鸡肉洗净，剁成泥；胡萝卜洗净，切末。
2. 锅中下油加热，倒入胡萝卜末和鸡肉泥，炒熟后关火。
3. 倒入米饭，翻炒均匀即可。

适宜年龄：

2岁以上。

营养解读：

为宝宝的生长发育提供热量，易于吸收蛋白质、脂肪、碳水化合物等营养物质。

专家经验谈

鸡的尾部有一个法氏囊，这是一个淋巴器官，也是鸟类特有的器官，其中可能存有多种病菌或癌细胞，容易引起多种疾病，切不可让儿童食用。

栗子炒鸡肉

原料：

鸡肉100克，栗子肉10个，盐、葱段各少量。

做法：

1.鸡肉、栗子肉分别洗净后切小块。

2.油锅烧至七分热时，放入葱段炒香，再倒入鸡肉、栗子肉用大火翻炒。

3.锅内加适量水，沸后改小火煮，至熟可取出葱段，放少许盐拌匀即可。

适宜年龄：

2岁以上。

营养解读：

美味有营养。其中，鸡肉为造血补益食物，栗子则健脾，两者搭配，蛋白质含量高，造血功能更强，有利于身体发育。

鸡肉酿丝瓜

原料：

鸡肉150克，丝瓜200克，粉丝30克，蒜茸、盐各少量。

做法：

1. 粉丝浸软，丝瓜去皮切段备用，蒜茸下油锅炒熟。
2. 鸡肉剁成肉泥，加盐少量拌匀，酿入丝瓜中。
3. 将粉丝铺于碟底，放上酿丝瓜，撒上蒜茸，蒸15分钟后取出，淋上少量熟油即可。

适宜年龄：

2岁以上。

营养解读：

营养美味，造型美观，有助于增强宝宝食欲。

◇银耳、鸡

银耳鸡肉粥

原料：

鸡肉100克，银耳30克，大米100克，生姜、盐各适量。

做法：

1. 鸡肉洗净、切块，大米淘净，生姜切丝，银耳水发洗净。
2. 银耳和大米同入锅，加清水适量熬粥，20分钟后加入鸡块和姜丝，粥成加盐调味即可。

适宜年龄：

1岁以上。

营养解读：

营养美味，滋阴润燥。

蒸鸡翅

原料：

鸡翅根5个，盐、蚝油各少量。

做法：

1. 鸡翅根洗净，沥干水。
2. 锅加油烧热，倒入鸡翅根稍炒，再加少量盐、蚝油炒匀。
3. 炒好的鸡翅根再蒸半小时左右，至熟即可。

适宜年龄：

2岁以上。

营养解读：

较好地保存了鸡翅根的营养，宝宝可以用手拿着吃。

◇蒸鸡翅

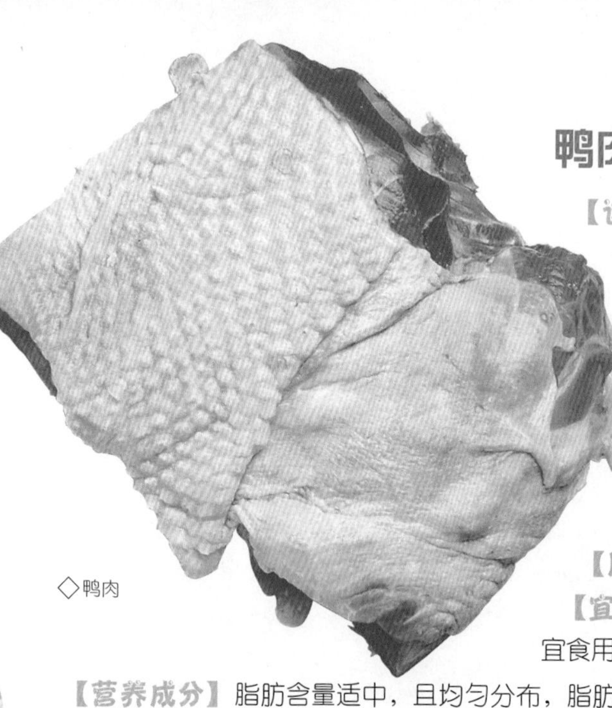
◇鸭肉

鸭肉——滋阴养胃

【选购】以肉质结实饱满有弹性、外皮平滑、肉色洁白或米黄、脂肪分布均匀者为佳。

【性味归经】味甘、咸，性凉。入脾、胃、肺、肾经。

【功用】滋阴养胃，利水消肿。用于发热、咳嗽痰少、咽喉干燥、水肿、小便不利等。

【用法】炒食、炖汤等。

【宜忌】脾胃阳虚、外感未清、腹泻者不宜食用。

【营养成分】脂肪含量适中，且均匀分布，脂肪酸主要是不饱和脂肪酸和低碳饱和脂肪酸，易于被人体消化吸收；B族维生素含量较高，有利于维护人体新陈代谢；含有丰富的尼克酸和钾、铁等。

(以每100克食物计算)

蛋白质	15.5克
脂肪	19.7克
碳水化合物	0.2克
硫胺素	0.08毫克
核黄素	0.22毫克
钙	6毫克
尼克酸	4.2毫克
钾	191毫克
铁	2.2毫克

冬瓜焖鸭

原料：

冬瓜200克，鸭肉500克，葱段1勺，生姜5片，盐、料酒各少量。

做法：

1. 鸭肉洗净切块，入沸水锅中汆水后捞出洗去血沫；冬瓜去皮洗净切块。
2. 锅内加适量清水煮开，倒入鸭肉块、葱段、姜片和料酒，盖上锅盖中火焖至将熟，再倒入冬瓜块续煮至熟，出锅前下盐即可。

适宜年龄：

2岁以上。

营养解读：

鸭肉能补虚清热，冬瓜祛暑利水，两者合用则滋阴消暑，适合夏天食用。

酥香鸭条

原料：

无骨鸭肉200克，鸡蛋1个，面粉适量，葱末、生抽、砂糖、盐各少量。

做法：

1. 鸭肉洗净切条，加葱末、生抽、盐、砂糖腌渍半小时；鸡蛋打散，搅匀。
2. 鸡蛋液中加入面粉，搅拌成糊状，再将鸭肉条放入碗中均匀裹上面糊。
3. 锅内加油，烧至八成热时放入鸭肉条炸，炸熟后即可出锅。

适宜年龄：

2岁以上。

营养解读：

酥香可口，可稍温后让宝宝拿在手上啃。滋阴补血，可促进生长发育。

（七）蛋类

蛋类含有大量的蛋白质，还有大量氨基酸、脂肪及多种微量元素，其营养物十分利于儿童吸收。儿童不宜生食蛋类，可炒、蒸、做汤食用。

鸡蛋——营养易吸收

◇鸡蛋

【选购】以蛋壳完整无破损、轻摇无晃感、触感粗糙者为佳。

【性味归经】味甘，性平。鸡蛋清：味甘，性凉；鸡蛋黄：味甘，性平。鸡蛋黄入心、脾、肺、胃、肾经。

【功用】养心安神，补血，滋阴润燥。用于心烦不眠、燥咳声嘶、目赤咽痛、胎动不安、产后口渴、下痢、烫伤等症。也用于月经不调，乳汁减少，眩晕，夜盲，病后体虚，营养不良，阴虚肺燥，咳嗽痰少，咽干喉痛，心悸，失眠，小儿惊痫。

【用法】炒食、蒸、做汤。

【宜忌】蛋黄中胆固醇含量较高，高脂血症患者宜少食。

（以每100克食物计算）

蛋白质	13.3克
脂肪	8.8克
碳水化合物	2.8克
硫胺素	0.11毫克
核黄素	0.27毫克
钙	56毫克

【营养成分】蛋白质含量丰富，几乎全部能被人体吸收，能和有机物结合并提供人体必需的营养物质，提高免疫力；含有的乙酰胆碱是大脑完成记忆所必需的营养物质，微量元素硒、锌等具有抗病毒的作用；蛋黄中的卵磷脂能去除血管中有害的胆固醇，还能促进肝细胞的再生、增强机体的代谢功能。

专家经验谈

鸡蛋被人们喻为“理想的营养库”，因为它所含的各种营养物比例与人体所需十分接近。鸡蛋的铁含量尤为丰富，是人体铁质的良好来源。

蛋黄容易消化和吸收，是婴幼儿理想的补铁食物。妈妈最好在宝宝4个月的时候开始添加蛋黄作为辅食。

鸡蛋不宜煮得过烂。这样的烹调方式不但使鸡蛋损失了营养，也不利于宝宝锻炼咀嚼能力。

◆百合蛋花汤

百合蛋花汤

原料：

鸡蛋1个，鲜百合100克。

做法：

1.鲜百合洗净逐瓣剥下，放入清水中浸泡去苦味；鸡蛋打匀。

2.将鲜百合放入锅内，加入适量清水，水沸后再倒入鸡蛋液，搅匀略煮即可。

适宜年龄：

1岁以上。

营养解读：

滋阴润燥，清热止咳，营养美味。

西红柿肉丸炒蛋

原料：

鸡蛋1个，西红柿半个，牛肉丸100克，葱末1小勺，盐少量。

做法：

1.西红柿洗净，切丁。

2.鸡蛋打散，搅匀。

3.锅内放少许油加热，倒入牛肉丸、葱末、西红柿丁炒香，略加盐，再倒入蛋液炒熟即可。

适宜年龄：

18个月以上。

营养解读：

色彩缤纷，很容易吸引宝宝的注意。富含营养，可促进生长发育。

◆西红柿肉丸炒蛋

猪肉蒸蛋

原料：

猪肉30克，鸡蛋2个，葱末1小勺，盐少量。

做法：

1．猪肉切碎，加少量盐拌匀；鸡蛋打散，加猪肉拌匀。

2．往盘底抹少量油，倒入鸡蛋液，入锅中火蒸5分钟，加入葱末，续蒸5分钟即可。

适宜年龄：

1岁以上。

营养解读：

既美味又营养，可促进生长发育。

百合圆肉鸡蛋汤

原料：

百合、桂圆肉各20克，鸡蛋1只，冰糖适量。

做法：

1．分别洗净各材料，鸡蛋蒸熟去壳。

2．往瓦煲内注入适量清水，放入桂圆肉、百合，小火煎至约1碗半水，加入鸡蛋和冰糖，再煮10分钟即可。

适宜年龄：

1岁以上。

营养解读：

桂圆肉补血安神、益脑养心，百合润肺清火，鸡蛋滋阴润燥、养血，冰糖补中益气、和胃润肺。

百合圆肉鸡蛋汤

鸭蛋——滋阴清热

【选购】以个头大、重量沉、轻摇无晃动感、蛋壳颜色较深、表面无破损者为佳。

【性味归经】味甘、咸，性凉。入肺、脾经。

◇鸭蛋

【功用】清肺滋阴，润肺美肤。

【用法】煮汤、炒食、腌制成咸鸭蛋。

【宜忌】脘冷痛、寒食泄泻或食后胃脘胀满等脾胃阳虚之症宜少食或忌食。

【营养成分】钙和铁的含量高于鸡蛋，含有较多的维生素B。中医认为，咸鸭蛋清肺火、降阴火功能比未腌制的鸭蛋更胜一筹，煮食可治愈泻痢。

(以每100克食物计算)

蛋白质	12.6克	脂肪	13克	碳水化合物	3.1克
硫胺素	0.17毫克	核黄素	0.35毫克	钙	62毫克

专家经验谈

与鸡蛋黄相比，鸭蛋黄的胆固醇更高，而且质粗，不容易消化。因此宝宝尤其是气滞、腹胀者不宜常食或多食。

◇鸭蛋

咸蛋蒸肉饼

原料：

咸蛋黄4个，猪瘦肉200克，葱花、姜末各1勺，湿淀粉少量。

做法：

1.咸蛋黄切碎，猪瘦肉洗净绞碎加葱花、姜末和湿淀粉拌匀。

2.蛋黄碎放入小碗内，再放入猪瘦肉，入锅蒸20分钟，取出倒扣盘中即可。

适宜年龄：

18个月以上。

营养解读：

摆在盘中十分可爱，会引起宝宝的兴趣。富含营养，可促进生长发育。

咸蛋丝瓜肉片汤

原料：

咸蛋1个，丝瓜300克，猪肉200克，生姜5克，生粉、盐适量。

做法：

1. 丝瓜去皮、切段；猪肉切片，加生粉、盐腌渍10分钟；生姜切丝。
2. 往锅中注入清水适量，水沸后加入丝瓜、咸蛋黄、姜丝，再沸时加入肉片、咸蛋白，最后加盐调味即可。

适宜年龄：

1岁以上。

营养解读：

清热润燥，富含营养。

◇咸蛋丝瓜肉片汤

◇鹌鹑蛋

鹌鹑蛋——卵中佳品

【选购】以蛋壳灰白色有斑纹、无损坏者为佳。

【性味归经】味甘，性平。入肺、胃经。

【功用】补气益血，强筋壮骨。

【用法】煮汤、炒食。

【宜忌】适合体虚、气血不足、营养不良者食用。

【营养成分】所含蛋白质、卵磷脂、维生素和铁等成分均较鸡蛋高，而胆固醇含量则较鸡蛋低。其中，卵磷脂和脑磷脂是高级神经活动中不可缺少的营养物质。

(以每100克食物计算)

蛋白质	12.8克
脂肪	11.1克
碳水化合物	2.1克
硫胺素	0.17毫克
核黄素	0.49毫克
钙	47毫克

专家经验谈

鹌鹑蛋能增进食欲、提高免疫力，对婴儿贫血、营养不良有调补作用。

黄金鹌鹑蛋

原料：

鹌鹑蛋8个，鸡蛋1个，面粉30克，盐少量。

做法：

1. 鹌鹑蛋煮熟后去壳。
2. 鸡蛋打散、搅匀，加入面粉和少量盐和水，调成面糊。
3. 将鹌鹑蛋裹上面糊，入油锅炸至金黄色即可。

适宜年龄：

2岁以上。

营养解读：

本菜肴金黄色的色泽会很容易引起小宝宝的注意，可增进食欲，促进生长发育。

◇黄金鹌鹑蛋

五柳鹌鹑蛋

原料：

鹌鹑蛋8~10个，五柳条2勺，洋葱米、蒜末少量，茄汁、砂糖、盐各少量。

做法：

1．鹌鹑蛋煮熟后去壳。

2．烧锅下油，倒入五柳条、洋葱米、茄汁、砂糖、盐煮汁，浇于鹌鹑蛋上即可。

适宜年龄：

18个月以上。

营养解读：

本菜肴酸甜可口，且色泽鲜艳，很容易引起宝宝的注意。可增进食欲，促进生长发育，尤其适合食欲不振、厌食症的患儿食用。

香菇鹌鹑蛋

原料：

熟鹌鹑蛋8个，水发香菇2朵，高汤2碗，葱花、水淀粉、盐各少量。

做法：

1．香菇煮熟后切片，鹌鹑蛋去壳。

2．锅内加油烧热，放入鹌鹑蛋炸至金黄色，捞出。

3．油锅爆香葱花，放入高汤、鹌鹑蛋、香菇片，小火煨10分钟，出锅前加水淀粉勾芡、加盐调味即可。

适宜年龄：

2岁以上。

营养解读：

味道鲜美，含有丰富的蛋白质、维生素和卵磷脂，对大脑发育有益处。

皮蛋——预防贫血

◇皮蛋

【选购】以外壳完整、轻摇无晃感者为佳。

【性味归经】味苦，性偏凉。入胃经。

【功用】滋阴清热。用于治疗牙周病、口疮、咽干口渴等。

【用法】煮粥、做汤、煨或凉拌食用。

【宜忌】不宜多食。

【营养成分】腌制过程中经过强碱的作用，可使鸭蛋中的蛋白质及脂质分解，从而变得比较容易消化吸收，胆固醇也会变得较少；由于使用铁剂来进行腌制，所以皮蛋中的铁含量较高；蛋白质分解的最终产物氨和硫化氢不但有独特风味，还能刺激消化器官，使营养易于消化吸收。

(以每100克食物计算)

蛋白质	14.2克
脂肪	10.7克
碳水化合物	4.5克
硫胺素	0.06毫克
核黄素	0.18毫克
钙	63毫克
钠	542.7毫克
硒	25.24微克
铁	3.3毫克

专家经验谈

食用时配些姜末和醋，可以中和皮蛋中的碱性物质，既能消除碱涩味和去掉腥气，又能解毒、杀菌，帮助消化。

皮蛋瘦肉粥

原料：

皮蛋1个，大米粥3碗，猪瘦肉100克，姜末、葱花、盐各少量。

做法：

1. 猪瘦肉洗净切薄片，加湿淀粉稍腌；皮蛋洗净，切丁。
2. 大米粥入锅煮开后，倒入肉片煮熟，再倒入皮蛋丁、盐和姜末煮沸，出锅前撒上葱花即可。

适宜年龄：

1岁以上。

营养解读：

可做早餐或主食食用，开胃易消化。皮蛋含铅，不宜经常食用。

◇凉拌皮蛋

凉拌皮蛋

原料：

松花皮蛋1个，醋、麻油各少量。

做法：

1. 松花皮蛋去壳，切成8瓣。
2. 淋上少量醋和麻油即可食用。

适宜年龄：

2岁以上。

营养解读：

一次吃一两瓣即可，不宜过多食用。

丝瓜皮蛋煮鸡球

原料：

皮蛋1个，鸡肉200克，丝瓜200克，生姜5克，盐少量。

做法：

1. 皮蛋蒸至八成熟，去壳切成8瓣。
2. 鸡肉切块，丝瓜去皮切块，生姜切丝。
3. 烧热油锅，下姜丝爆香，加入清水适量，放入全部材料，小火浸熟，加盐调味即可。

适宜年龄：

1岁以上。

营养解读：

味道鲜美，适合小儿食欲不振及厌食症食用。

◇丝瓜皮蛋煮鸡球

（八）水产类

水产类包括鱼类、海藻类等，含有丰富的蛋白质，脂肪含量低，是脂肪和脂溶性维生素的重要来源。其肉质细致，味道鲜美，菌藻类还含有碘、铁等矿物质。一般蒸煮会更好地保存营养，不宜生吃。

◇鳙鱼

鳙鱼——上品鱼头

【选购】以鳞片紧贴鱼身、鱼体坚挺有光泽、眼球饱满、角膜透明者为佳。

【性味归经】味甘，性温，无毒。入胃经。

【功用】补中益气，补肾。可用于治疗脾胃虚寒、头晕、耳鸣、咳嗽。

【用法】做汤、清蒸。

【宜忌】皮肤病患者不宜食用。

【营养成分】含丰富的蛋白质和多种人体必需的氨基酸，可促进机体发育；鳙鱼头含有比任何其他食物丰富得多的不饱和脂肪酸，可活跃大脑细胞，促进大脑发育。

(以每100克食物计算)

蛋白质	15.3克
脂肪	2.2克
碳水化合物	4.7克
硫胺素	0.04毫克
核黄素	0.11毫克
钙	82毫克

豆腐烧鱼头

原料：

鳙鱼头1个，嫩豆腐1块，姜片、葱末、盐各少量。

做法：

1. 鳙鱼头洗净去鳃，切成4块；嫩豆腐切小块。
2. 烧热油锅，爆香葱末，放入鳙鱼头，加4碗水和豆腐焖煮，大火煮沸后改小火煮熟，出锅前加盐即可。

适宜年龄：

1岁以上。

营养解读：

鱼头和豆腐营养互补，可促进智力发育，增强记忆力。

◇豆腐烧鱼头

鲩鱼——四大家鱼之首

◇鲩鱼

【选购】以鳞片紧贴鱼身、鱼体坚挺有光泽、肉质致密、手触弹性好者为佳。

【性味归经】甘，温。入脾、胃经。

【功用】平肝祛风，温中和胃，消食化滞。治虚劳及风虚头痛、疟疾。

【用法】煮、煎、炸、做汤。

【宜忌】有体癣、股癣、银屑病患者忌用。

【营养成分】含有丰富的不饱和脂肪酸，对血液循环有利；含有丰富的硒元素，养颜，对肿瘤也有一定的防治作用。

蛋白质	16.6克	脂肪	5.2克	钙	38毫克
硫胺素	0.04毫克	核黄素	0.11毫克		

(以每100克食物计算)

酸甜鱼丸

原料：

鲩鱼肉300克，鸡蛋1个，小棠菜5棵，生姜3克，生粉、盐、糖醋汁各少量。

做法：

1. 鲩鱼肉打成鱼茸，加入鸡蛋清、生粉、盐拌匀，捏成鱼丸。
2. 清水下锅，水沸后加入生姜、鱼丸，煮至鱼丸熟后捞起上碟，小棠菜焯熟拌碟。
3. 糖醋汁下油锅煮开，淋在鱼丸上即可。

适宜年龄：

18个月以上。

营养解读：

健脾开胃，适合夏季食用。

◇酸甜鱼丸

◇酥炸鱼片

酥炸鱼片

原料：

鲩鱼肉50克，葱段、姜片、生粉适量，盐、糖醋汁各少量。

做法：

1. 鲩鱼肉去刺切片，加生粉拌匀。
2. 锅内下油加热，倒入鱼片炸至金黄色后捞出沥油。
3. 锅内重新下油，爆香葱段和姜片，倒入鲩鱼片，下盐、糖醋汁，煮至收汁即可。

适宜年龄：

2岁以上。

营养解读：

含有丰富的蛋白质、维生素、钙，美味营养。

鱼片浸小瓜

原料：

鲩鱼腩肉100克，皮蛋半个，小瓜100克，生姜5克，胡椒粉、盐各少量。

做法：

1. 鲩鱼腩肉洗净切片，皮蛋切小块，小瓜去瓤切块，生姜切丝。
2. 烧热油锅，下姜丝爆香，加入清水，放入皮蛋、小瓜煮熟，再放入鲩鱼片，最后加盐、胡椒粉调味。

适宜年龄：

2岁以上。

营养解读：

健脾开胃，可用于小儿厌食症。

◇鱼片浸小瓜

缤纷鱼丝

原料：

鲩鱼肉300克，木耳10克，红、绿圆椒各1个，姜丝3克，生粉适量，盐少量。

做法：

1. 鲩鱼肉去刺洗净切丝，木耳泡发后切丝，红、绿圆椒切丝。
2. 烧热油锅，下姜丝、椒丝、木耳丝，翻炒片刻，加入鱼丝继续翻炒，再加盐调味，生粉勾芡即可。

适宜年龄：

18个月以上。

营养解读：

富含维生素及不饱和脂肪酸，有助于身体发育和增强抵抗力。

鲈鱼——益体安康

◇鲈鱼

【选购】以鱼鳞紧实、鱼肚颜色鲜活者为佳。

【性味归经】味甘，性平。入肝、脾、肾三经。

【功用】益脾胃，补肝肾，和肠胃。

【用法】清蒸、做汤。

【宜忌】患有皮肤病及疮肿者忌食。

【营养成分】含有丰富的蛋白质，易被消化；含有不饱和脂肪酸，可促进大脑发育；维生素D可强化骨质。

专家经验谈

鲈鱼可促进伤口愈合，最好在手术后3天才食，以免伤口愈合过快，形成肉芽。

营养成分	含量	营养成分	含量	营养成分	含量
蛋白质	18.6克	脂肪	3.4克	钙	138毫克
硫胺素	0.03毫克	核黄素	0.17毫克		

(以每100克食物计算)

◇清蒸鲈鱼

清蒸鲈鱼

原料：

鲈鱼1条，葱丝1勺，姜丝5克，生抽少量。

做法：

1. 鲈鱼洗净、去鳃及肠杂。
2. 鲈鱼上均匀撒上葱丝、姜丝，入沸水锅中蒸7分钟，淋上热油及生抽即可。

适宜年龄：

1岁以上。

营养解读：

鲈鱼肉嫩、刺少、味道鲜美，有益于大脑发育，可促进骨骼发育。

烧鲈鱼

原料：

鲈鱼1条，瘦肉粒30克，蒜头末、生姜末、豆瓣酱、盐各少量。

做法：

1. 鲈鱼洗净去鳃、内脏，下油锅稍炸至皮紧，捞起。
2. 烧热油锅下蒜头末及生姜末，爆香后下豆瓣酱、瘦肉粒、盐，加水少许煮汁。
3. 下鲈鱼，至收汁即可装盘。

适宜年龄：

2岁以上。

营养解读：

可作为小儿厌食症的辅助食疗。

烧鲈鱼

圆椒炒鲈鱼肉

原料：

红、绿圆椒各1个，鲈鱼肉300克，生姜5克，蒜头、胡椒粉、盐各少量。

做法：

1. 圆椒切块，生姜切片，蒜头拍松，鲈鱼肉去刺、起皮、切块。
2. 烧热油锅，爆香生姜、蒜头，猛火翻炒鱼块，再加入圆椒炒至熟，加盐、胡椒粉调味即可。

适宜年龄：

2岁以上。

营养解读：

益智健体，促进食欲。

圆椒炒鲈鱼肉

黑木耳鱼片

原料：

鲈鱼肉100克，黑木耳3朵，葱末、盐各少量。

做法：

1. 鲈鱼肉洗净，去刺，切薄片，加盐稍腌；黑木耳温水泡发后切块。
2. 锅内下油烧热，爆香葱末，加3碗清水煮沸后，再倒入腌好的鱼片和黑木耳，熟后加盐即可。

适宜年龄：

1岁以上。

营养解读：

营养均衡，含有蛋白质等多种营养素，可促进大脑发育，预防贫血。

鲫鱼——补虚佳品

◇鲫鱼

【选购】以鳞片紧实、有光泽者为佳，2~4月和8~12月的鲫鱼最肥美。

【性味归经】味甘，性平。入脾、胃、大肠三经。

【功用】温中下气，健脾利湿，和中开胃，活血通络，透发麻疹。

【用法】烧、炖、蒸、做汤。

【宜忌】感冒发热期间不宜多食。

【营养成分】肉质细嫩，肉味甜美，营养价值很高。含有丰富的优质蛋白质，有利于消化吸收，多食可增强抗病能力；含有大量的钙、钾、磷等矿物质，有助于促进宝宝生长发育。

(以每100克食物计算)

蛋白质	17.1克
脂肪	2.7克
碳水化合物	3.8克
硫胺素	0.04毫克
钾	290毫克
钙	79毫克
铁	1.3毫克
磷	193毫克

木瓜鲫鱼汤

原料：

熟木瓜500克，鲫鱼500克，猪瘦肉50克，生姜15克。

做法：

1. 鲫鱼洗净，去鳃、鳞、肠脏；木瓜切块；猪瘦肉切块汆水；生姜切片。
2. 鲫鱼与姜片同下锅稍煎至两面微黄，同木瓜、猪瘦肉、生姜一同入锅，加水适量，大火煮沸后改小火煲2小时，汤成后加盐调味即可。

适宜年龄：

1岁以上。

营养解读：

三者共用，有清心润肺、健脾益胃的功效，尤其适宜秋冬季节饮用。

专家经验谈

鲫鱼不宜与猪肝、鸡肉、野鸡肉、狗肉、鹿肉、大蒜、芥菜、沙参，以及中药麦冬、厚朴一同食用。

鲫鱼适宜小儿麻疹初期，或麻疹透发不快者食用。

◇上汤浸鲫鱼

上汤浸鲫鱼

原料：

鲫鱼300克，时蔬300克，生姜10克，胡椒粉、盐各适量。

做法：

1. 鲫鱼洗净，去鳃、鳞、肠脏；时蔬洗净，切段；生姜切丝。
2. 鲫鱼下锅稍煎，加清水、姜丝熬至汤白，加入时蔬，熟后调味即可。

适宜年龄：

1岁以上。

营养解读：

清甜营养，可增强宝宝抵抗力。

豆腐烧鲫鱼

原料：

鲫鱼500克，豆腐350克，蒜头、姜片、水淀粉各适量，蚝油、胡椒粉、盐各少量。

做法：

1. 鲫鱼洗净去内脏，下油锅煎至两边金黄，盛起备用。
2. 烧锅下油，加入蒜头、姜片、清水、调味料稍煮，入鲫鱼、豆腐，煮熟后以水淀粉勾芡即可。

适宜年龄：

2岁以上。

营养解读：

豆腐含丰富的蛋白质、钙等营养成分，与鲫鱼搭配食用，营养效果最佳。

◇豆腐烧鲫鱼

◇泥鳅

泥鳅——水中人参

【选购】以新鲜、可游动、无异味者为佳。

【性味归经】味甘，性平。入脾、肺经。

【功用】补中益气，祛湿杀虫，利湿退黄。用于治疗肝炎、小儿盗汗等。

【用法】炸食、红烧、做汤。

【宜忌】不宜和狗肉同食。

【营养成分】蛋白质含量高，尤其是人体必需的氨基酸的含量高；含有高不饱和脂肪酸和卵磷脂，是构成人脑细胞不可缺少的物质，可助人体抵抗血管衰老。

专家经验谈

食用前，要将泥鳅放在干净水中养几天，待其排净体内脏物。另外，用盐搓洗，可去除表面黏液。

(以每100克食物计算)

蛋白质	17.9克	脂肪	2克	碳水化合物	1.7克
硫胺素	0.10毫克	核黄素	0.33毫克	钙	299毫克

泥鳅炖豆腐

◇泥鳅炖豆腐

原料：

泥鳅500克，豆腐200克，盐、葱、姜各少量。

做法：

1. 泥鳅去杂后洗净。
2. 泥鳅放入锅中，加豆腐、盐、葱、姜、清水适量，大火煮沸后改小火煮熟即可。

适宜年龄：

2岁以上。

营养解读：

泥鳅与豆腐搭配可补钙、补蛋白质，对因缺钙引起的小儿盗汗疗效明显。

带鱼——滋补强壮

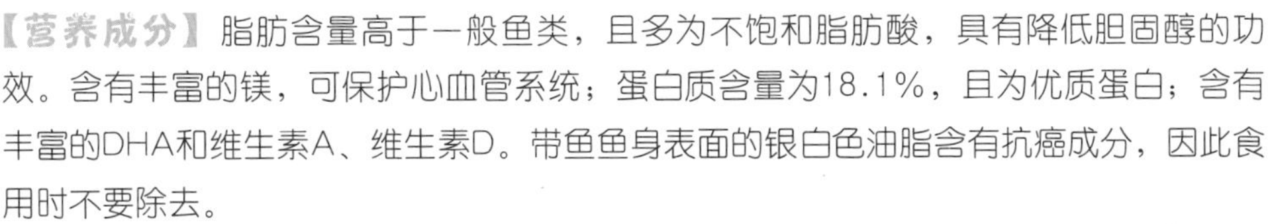
◇带鱼

【选购】新鲜带鱼以鱼鳞较完整、外表呈银灰色、无异味者为佳。

【性味归经】味甘、咸，性平。入脾、胃经。

【功用】补五脏，和中开胃，润肤。

【用法】煎、清蒸。

【宜忌】发疥动风者忌食。

【营养成分】脂肪含量高于一般鱼类，且多为不饱和脂肪酸，具有降低胆固醇的功效。含有丰富的镁，可保护心血管系统；蛋白质含量为18.1%，且为优质蛋白；含有丰富的DHA和维生素A、维生素D。带鱼鱼身表面的银白色油脂含有抗癌成分，因此食用时不要除去。

营养素	含量	营养素	含量	营养素	含量
蛋白质	17.7克	脂肪	4.9克	碳水化合物	3.1克
硫胺素	0.02毫克	核黄素	0.06毫克	钙	28毫克
维生素A	29毫克	镁	43毫克		

(以每100克食物计算)

◇酥炸带鱼

酥炸带鱼

原料：

带鱼段200克，糖醋汁、砂糖、盐各少量。

做法：

1. 带鱼段洗净，加盐抹匀。
2. 热锅下油，放入带鱼炸至金黄色，捞起沥油。
3. 锅内倒入糖醋汁，加盐、砂糖调味，倒在带鱼段上即可。

适宜年龄：

2岁以上。

营养解读：

含有丰富的DHA，可预防贫血，有利于智力发育。

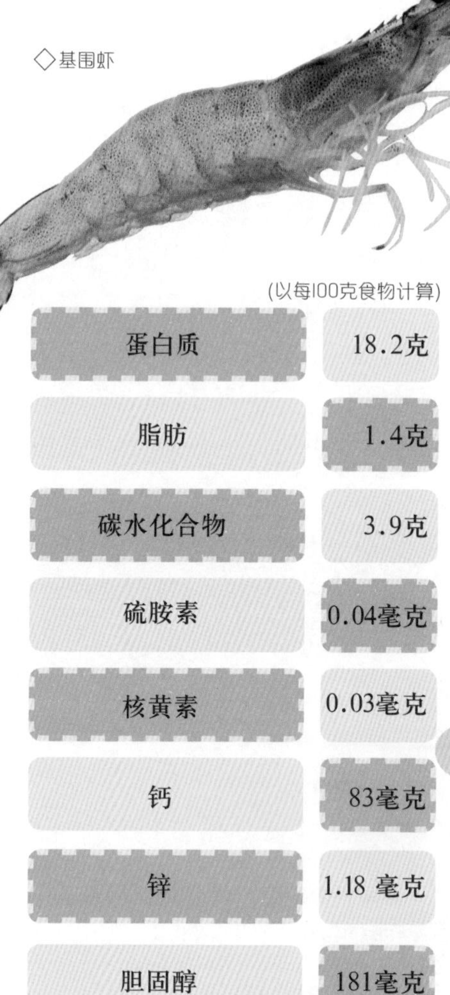
◇基围虾

基围虾——低脂高蛋白质

【选购】以头尾完整、虾肉紧实有弹性、虾壳透明者为佳。

【性味归经】味甘，性温。入肝、肾经。

【功用】温补肾阳。用于肾阳虚所致的阳痿、畏寒、体倦、腰膝酸软等症。

【用法】白灼、做菜。

【宜忌】阴虚火旺者及患有皮肤疮疥、湿疹、癣症等皮肤患者忌食。

【营养成分】低脂肪、高蛋白质，有益于皮肤健康；虾壳是不溶性膳食纤维，可以强化免疫力，补钙；含有牛磺酸，可以帮助降低血液中胆固醇的含量；虾红素可抗氧化；富含碘、镁，镁对心脏活动具有重要的调节作用，它能减少血液中胆固醇含量，防止动脉硬化。

(以每100克食物计算)

蛋白质	18.2克
脂肪	1.4克
碳水化合物	3.9克
硫胺素	0.04毫克
核黄素	0.03毫克
钙	83毫克
锌	1.18 毫克
胆固醇	181毫克

专家经验谈

用基围虾做菜给宝宝食用时，应先剪开虾背，用牙签挑出虾线，最好连虾脑一并去掉。

基围虾不可与维生素C同食。虾中的砷与维生素C作用后会生成有毒物质，故吃虾时不可同时食用橙、果汁等含有维生素C的食物。

虾肉馄饨

原料：

活虾10只，馄饨皮10张，油菜叶30克，鸡蛋1个，高汤2碗，盐少量。

做法：

1. 虾洗净，煮熟后去壳、肠线，切碎；鸡蛋打散，搅匀；油菜叶洗净后切碎。
2. 将蛋液倒入虾肉中，调成馅料，包入馄饨皮中。
3. 高汤烧开，加入馄饨和油菜叶煮熟，出锅时加盐调味即可。

适宜年龄：

1岁以上。

营养解读：

虾肉富含锌、铁等营养素，鸡蛋含蛋白质，搭配食用，营养更加丰富。

虾仁煎蛋

原料：

鸡蛋2个，虾仁10只，料酒、盐各少量。

做法：

1. 虾仁洗净，沥干水分，加料酒稍腌；鸡蛋打散拌匀。

2. 锅内加油烧热，倒入虾仁炒熟，出锅备用。

3. 锅内再加油烧热，倒入蛋液煎至半熟，再倒入炒好的虾仁和盐，翻面煎熟即可。

适宜年龄：

1岁以上。

营养解读：

含有脂肪、蛋白质和维生素、微量元素，可促进生长发育。

翡翠虾球

原料：

虾仁200克，丝瓜400克，料酒、姜末、蒜末各少量。

做法：

1. 丝瓜洗净切块；虾仁洗净，沥干水分，加料酒稍腌。
2. 烧热油锅，倒入虾仁炒熟，出锅备用。
3. 锅内再加油烧热，倒入姜末、蒜末爆香，将丝瓜炒熟后，再倒入炒好的虾仁，炒匀调味即可。

适宜年龄：

18个月以上。

营养解读：

味道清爽，有助于增强食欲。

◆翡翠虾球

炸虾球

原料：

虾仁10只，土豆1个，盐少量。

做法：

1. 土豆洗净煮熟，去皮后捣成泥，调入少许盐和温水，和匀。
2. 虾仁洗净切小块，裹上土豆泥，捏成球状。
3. 锅内下油加热至七成热时，放入土豆虾仁球，炸至金黄色即可。

适宜年龄：

2岁以上。

营养解读：

虾有益于幼儿的身体发育。

◆炸虾球

海带——长寿菜

【选购】干海带以墨绿色、质地厚、表面布满白霜、叶片大、干燥无杂物者为佳。

【性味归经】味咸，性寒。入肝、胃、肾经。

【功用】软坚化痰，清热行水。主治噎嗝、疝气、睾丸肿痛、带下、甲状腺肿、瘿瘤结核、水肿、脚气等。

【用法】煮汤、凉拌、做菜。

【宜忌】脾胃虚寒、腹泻腹胀者勿食。

◇海带

【营养成分】富含碘，可以降低血液中胆固醇含量，改善甲状腺肿大；含有的硫酸多糖可以抑制血液浓度，降低黏稠度；含有硒，可防癌，增强免疫力；含有甘露醇，对治疗脑水肿、急性肾功能衰竭有效；含有大量纤维素、褐藻胶，具有软坚化痰作用。

蛋白质	1.8克	脂肪	0.1克	碳水化合物	23.4克
硫胺素	0.01毫克	核黄素	0.1毫克	钙	348毫克
碘	113.9毫克	胡萝卜素	750微克		

(以每100克食物计算)

◇海带鱼腥草汤

海带鱼腥草汤

原料：

干海带20克，绿豆30克，鱼腥草15克，砂糖适量。

做法：

1. 绿豆、海带洗净，海带泡发，切片。
2. 全部食材一同放入锅内，加水煮汤，食用前加砂糖调味即成。

适宜年龄：

1岁以上。

营养解读：

饮汤吃海带和绿豆，每天1次，连续食用7～10天，可防治湿疹。

◇海带荸荠汤

海带荸荠汤

原料：

干海带50克，荸荠肉、瘦猪肉各100克，姜丝、盐各适量。

适宜年龄：

1岁以上。

做法：

1. 荸荠肉洗净切片，海带水发后切短丝，猪瘦肉切块汆水。
2. 锅内加适量清水，倒入全部材料，大火煮沸后改小火续煮至海带熟烂，出锅前加盐调味即可。

营养解读：

益智明目，荸荠有清热解毒的功效，有利于身体发育。

◇凉拌海带

凉拌海带

原料：

海带500克，酱油、盐、麻油各少量。

做法：

1. 海带用水发好，洗净切丝，入沸水中连烫3次，每次半分钟。
2. 捞出海带沥水，装入碟内，加入酱油、盐、麻油搅拌均匀即可。

适宜年龄：

18个月以上。

营养解读：

清爽可口，尤其适合夏季食用。

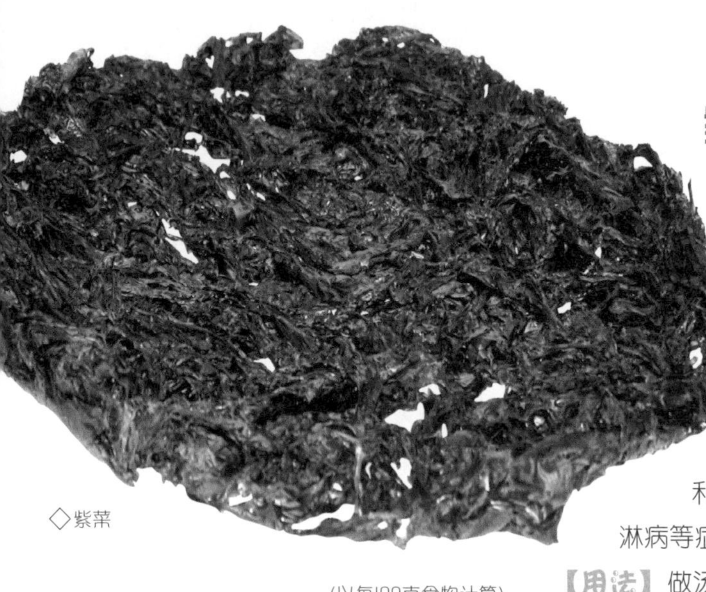
◇紫菜

紫菜——神仙菜

【选购】以表面光滑滋润、呈紫色或紫红色、有光泽、不暗淡、片薄、质嫩、无沙者为佳。

【性味归经】味甘、咸，性寒。入肺经。

【功用】软坚化痰，清热利尿。用于瘿瘤、脚气、水肿、淋病等症。

【用法】做汤和包寿司、饭团等。

【宜忌】胃肠消化功能不好或腹痛便溏者少食。

【营养成分】含有的碘，易于被人体吸收，有利于大脑发育；维生素U含量高，是健胃的最佳食品；含有胆碱成分，有增强记忆的作用；含大量牛磺酸可降低胆固醇，有利于保护肝脏；含有甘露醇，对消除水肿有效。

(以每100克食物计算)

蛋白质	26.7克
脂肪	1.1克
碳水化合物	44.1克
硫胺素	0.27毫克
核黄素	1.02毫克
钙	264毫克
铁	54.9毫克
碘	1.8毫克

专家经验谈

紫菜中含有丰富的牛磺酸，这种物质能保护心脏、促进神经系统发育，同时还具有一定的解毒作用。

凉拌紫菜

原料：

紫菜100克，芫荽末、芹菜末各1小勺，盐、麻油、陈醋各少量。

做法：

1. 紫菜撕开，洗净，沥干水分，入沸水中烫熟捞出。
2. 熟紫菜和芫荽末、芹菜末、盐、麻油、陈醋混在一起，搅拌均匀即可。

适宜年龄：

18个月以上。

营养解读：

爽口开胃，富含纤维素和铁、碘，促进机体对钙的吸收。

紫菜肉丝汤

原料：

紫菜20克，猪瘦肉100克，姜丝、盐各少量。

做法：

1. 紫菜水发好，洗净；猪瘦肉洗净，切丝。
2. 锅内加油烧热，放入肉丝和姜丝同炒至肉变白色，倒入2碗清水，大火煮沸后放入紫菜，小火稍煮3～5分钟，待出锅时加盐即可。

适宜年龄：

1岁以上。

营养解读：

紫菜汤可令碘更易被人体吸收，可预防生长迟缓。

紫菜卷

原料：

日本紫菜1件，虾胶150克，酱油适量。

做法：

1. 将紫菜展开，均匀铺上虾胶后卷好。
2. 紫菜卷入锅蒸15分钟后取出。
3. 紫菜卷斜切成拇指粗，小火稍煎后摆盘上即可。

适宜年龄：

18个月以上。

营养解读：

紫菜含铁和胆碱量丰富，可促进骨骼、牙齿的生长。

紫菜卷

（九）小儿常用药材

本节所介绍的药材在清热、解表、消食、驱虫方面有较好的疗效，且经中医验证，适合婴幼儿使用。但要注意用量，最好在专业医生的指导下配方。

板蓝根

◇板蓝根

【性味归经】 味苦，性寒。入心、胃经。

【功效】

1. 清热解毒。治疗热毒引起的发热、咽喉肿痛、口疮、疮痈等。现常用于治疗热性传染病如腮腺炎、流脑、乙脑、肝炎、麻疹、猩红热等。
2. 凉血消斑。治疗因血分热盛而致的皮肤斑疹、发热。

【药性说明】 本品苦寒，功能清热解毒、凉血、利咽，其中以解毒散结见长。

◇板蓝根茶

板蓝根茶

原料：

板蓝根15克。

做法：

板蓝根研末，加沸水冲泡。

适宜年龄：

1岁以上。

营养解读：

清热解读，可用于预防多种流行性疾病。

◇枸杞子

枸杞子

【性味归经】 味辛，性温。入脾、胃、大肠经。

【功效】

1. 滋补肝肾。治疗血虚劳损、头晕乏力、耳鸣健忘、腰膝酸软。

2. 益精明目。治疗肝肾精血不足所致的眼目昏花、视物不清。

【药性说明】 本品甘平质润，主入肝肾，既能补肾益精，又能养肝明目，为滋补佳品。

枸杞鸡丝

原料：

鸡肉100克，枸杞苗200克，枸杞子20克，姜丝少许，生粉、盐各适量。

做法：

1. 鸡肉切成丝，加盐、生粉拌匀。

2. 烧热油锅，下姜丝、鸡丝翻炒几下，加入清水、枸杞苗、枸杞子，小火浸熟，加盐调味即可。

适宜年龄：

18个月以上。

营养解读：

补肝明目。

◇枸杞鸡丝

芡实

【性味归经】 味甘、涩，性平。入心、肾、脾、胃经。

【功效】

1. 补脾益肾。
2. 止泻镇静。

【药性说明】 本品碳水化合物含量丰富，脂肪含量低，极易被人体吸收，既能补脾益胃，又能止泻。需要注意的是，体质燥热、便秘或胀气时勿食。

◇芡实

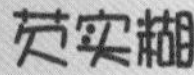

芡实糊

原料：

芡实50克，砂糖适量。

做法：

1. 芡实洗净，磨成粉。
2. 芡实粉加砂糖适量调匀，加水煮成糊状服。

适宜年龄：

1岁以上。

营养解读：

易被人体吸收，要坚持食用，方有效果。每天3次，连服10天，适用于脾胃虚弱引起的经常性腹泻。

◇芡实

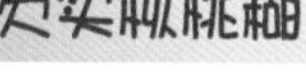

芡实核桃糊

原料：

芡实30克，核桃仁20克，大枣5克，砂糖少量。

做法：

1. 芡实打成粉末状，加凉开水调成糊状；大枣去核。
2. 芡实糊放入沸水中搅拌，再倒入核桃仁、大枣，煮熟成糊状，加砂糖调味。

适宜年龄：

18个月以上。

营养解读：

益智健脑，有利于增强大脑记忆力。

◇茯苓

茯苓

【性味归经】味甘、淡，性平。入心、脾、肾经。

【功效】

1.利水渗湿。本品甘淡渗利，能消除水湿停滞，可治疗水肿、小便不利、腹胀。

2.健脾补中。能补益脾气，治疗脾虚湿困引起的食少脘闷、腹泻便溏。

3.宁心安神。主要用茯神，治疗心脾两虚、心神不宁、失眠等症。

【药性说明】茯苓味甘益脾，淡渗利湿，长于利湿健脾，兼可宁心安神。适于脾虚湿停所致的失眠健忘等症。白茯苓善消痰饮；茯神偏于宁心安神；茯苓皮擅长于利水消肿；赤茯苓偏于利湿。

茯苓粥

原料：

茯苓25克，大米50克，冰糖少量。

做法：

1.茯苓加水适量煎汁，滤渣取汁。

2.淘洗净的大米和茯苓汁一同煮成粥，粥成加冰糖调味。

适宜年龄：

1岁以上。

营养解读：

清热祛湿，补气宁神。

◇茯苓粥

薏苡仁

◇薏苡仁

【性味归经】味甘、淡，性微寒。入脾、胃、肺经。

【功效】

1.利水渗湿。用于水肿、小便不利、湿毒脚气等病症。

2.能祛风湿，除痹痛，可通利关节，缓解拘挛。用于风湿热痹、关节疼痛。

3.健脾止泻。本品炒熟能健脾止泻，用于脾虚夹湿之泄泻。

4.清热排脓。用于肺痈，常配苇茎、冬瓜仁、桃仁，可促进脓痰排出。用于肠痈，常配牡丹皮、白花蛇舌草等。

【药性说明】本品淡渗利湿，微寒清热，以清利湿热为主，兼有健脾之功，适于脾虚湿盛、湿邪下注等证。

薏苡仁赤小豆煲雪梨

◇薏苡仁赤小豆煲雪梨

原料：

薏苡仁50克，赤小豆50克，山药15克，雪梨2个。

做法：

1.赤小豆浸泡1小时，雪梨去核切块。

2.往锅内注入适量清水，放入全部材料，猛火煮沸后转小火煮至赤小豆烂熟即可。

适宜年龄：

1岁以上。喝汤。

营养解读：

赤小豆健脾止泻、利水消肿，薏苡仁健脾补肺、清热化湿，山药健脾胃、补肺气，雪梨生津清热、止咳化痰。

瓜蒌

◇瓜蒌

【性味归经】味甘，性寒。入肺、胃、大肠经。

【功效】

1. 清热化痰。本品甘寒质润，能清热化痰润肺，可治疗热痰咳嗽、痰稠难咯之症。

2. 宽胸散结。可治疗痰滞胸膈、胸闷不舒等症状，能化痰散结。

【药性说明】本品甘寒清润，上能清肺润燥化痰，下能润肠通便，主治痰热咳嗽及胸痹、结胸、肠燥便秘等症。

瓜蒌瘦肉汤

材料：

北杏仁15克，瓜蒌12克，贝母10克，猪瘦肉100克。

做法：

1. 猪瘦肉切块汆水。
2. 往锅内注入适量清水，放入全部材料，猛火煮沸后转小火煲1.5小时，食用前加盐调味即可。

适宜年龄：

1岁以上。

营养解读：

瓜蒌清热化痰，北杏仁止咳平喘、润肠通便，贝母清热化痰、润肺止咳、散结消肿，猪瘦肉滋阴健体。

◇瓜蒌瘦肉汤

鸡内金

◇鸡内金

【性味归经】味甘，性平。入脾、胃、肾、膀胱经。

【功效】

1.消食化积。本品能健胃，可用于饮食积滞、消化不良所出现的腹胀、胃脘不适、腹泻、嗳气。

2.止遗尿。本品能收涩止遗，多用于小儿遗尿。

3.化石通淋。用于泌尿系结石、小便涩痛。

【药性说明】本品味甘以健胃消食，性平偏凉以退积热，善治食积不消、疳积发热，此外兼有固精止遗缩尿、化坚消石之功。

鹅不食草鸡内金煲瘦肉

原料：

猪瘦肉100克，鸡内金10克，鹅不食草30克。

做法：

1.鸡内金研碎，鹅不食草用纱布包好，猪瘦肉切块氽水。

2.往锅内注入适量清水，放入全部材料，猛火煮沸后转小火煲2小时，加盐调味即可。

适宜年龄：

1岁以上。

营养解读：

鸡内金消滞健胃，鹅不食草祛风散寒、化痰止咳，猪瘦肉滋阴润燥。本汤适用于小儿疳积、食积的日常调理。

◇鹅不食草鸡内金煲瘦肉

神曲

◇神曲

【性味归经】味甘、辛，性温。入脾、胃经。

【功效】消食，和胃，解表。可用于治疗感冒食滞、胃脘胀闷、消化不良、腹泻。对一般的脾胃不和、伤食积滞、小儿疳积也有疗效。

【药性说明】神曲辛甘性温，消食之力较强而健胃和中，适于各种食积不消之症。

神曲山楂麦芽茶

原料：

神曲、炒麦芽、焦山楂各12克。

做法：

煎水频饮。

适宜年龄：

1岁以上。

营养解读：

消食化积，开胃健脾。适用于小儿食欲不振。

◇神曲山楂麦芽茶

麦芽

【性味归经】 味甘，性平。入脾、胃、肝经。

【功效】

消食健胃。可用于食滞不消、脾虚失于运化等出现的胃脘不适、胀闷、消化不良、食欲不振等症状。对治疗淀粉类食物积滞效果好。

◇麦芽

【药性说明】 本品味甘，益脾以行气消食，尤以善消面食积滞见长，兼有疏肝回乳之功，为食积不消常用之品。

麦芽粥

原料：

生麦芽、炒麦芽各50克，粳米150克，红糖适量。

做法：

1. 将麦芽放入锅内，加适量清水煎煮，去渣取汁。
2. 药汁与粳米同煮粥，粥熟时加入红糖搅拌溶化即可。

适宜年龄：

1岁以上。

营养解读：

清热消食，健脾和胃。

◇麦芽粥

金银花

【性味归经】味甘，性寒。入肺、心、胃经。

【功效】

1. 清热解毒。可用于热毒引起的咽喉肿痛、目赤肿痛、疮痈疔毒，亦可用于胃肠湿热所致的泄泻、痢疾。

2. 透表清热。可用于外感风热之邪，能清表里之热，如银翘散。

【药性说明】本品甘寒清热解毒，芳香疏散风热。擅长于内清外散。最适于热毒疮痈及外感温热，且不论邪在卫、气、营、血分均可应用。

◇金银花

金银花连翘薏苡仁茶

原料：

金银花12克，薏苡仁15克，连翘10克。

做法：

煎水频饮。

适宜年龄：

1岁以上。

营养解读：

利湿解毒，疏散风热，有助于治疗婴幼儿水痘。阴虚患儿不宜饮用。

◇金银花连翘薏苡仁茶

第三章 抗病食谱

一、治疗感冒

◇小儿感冒

◎营养注意

1. 风寒感冒表现为咳嗽有痰、痰稀薄白、咽痛咽痒，伴有鼻塞、流清涕、恶寒头痛或发热、舌苔发白。

2. 风热感冒表现为咳嗽咳黄痰或白黏痰、舌淡红、苔薄黄，伴有咽痛、口干、便秘、尿赤、身热等。

3. 感冒期间多食软食、流食，忌食油腻食物；多喝开水。

4. 风寒感冒者宜食用温热性或平性的食物，如辣椒、花椒、洋葱、南瓜、樱桃、山楂等，忌冷饮。

5. 风热感冒者宜食用清热寒凉性食物，如绿豆、苹果、橙、草莓、芹菜、空心菜、菠菜、豆腐等，忌食辛辣刺激之物。

专家经验谈

婴儿感冒鼻塞时，可将葱叶撕开，贴在婴儿鼻梁上。

◎食谱

生姜秋梨汤

原料：

生姜5片，秋梨1个，红糖少量。

做法：

1.分别把生姜、秋梨洗净，切块，放入锅内，加水2碗。

2.先用大火煮沸，再改小火煎15分钟，加入红糖即可。趁热喝汤，吃梨。每天1剂，1～2次喝完，连服3天。

营养解读：

辅助治疗小儿受凉感冒咳嗽、鼻塞不通。

◇生姜秋梨汤

紫苏粥

原料：

紫苏叶6克，大米50克，红糖少量。

做法：

1. 紫苏叶加水煮汁，去渣留汁；大米洗净。
2. 大米加水煮粥，至熟时倒入紫苏叶汁，搅匀即可，可加少量红糖调味。

营养解读：

和胃散寒，可用于偶感风寒。

◇紫苏叶

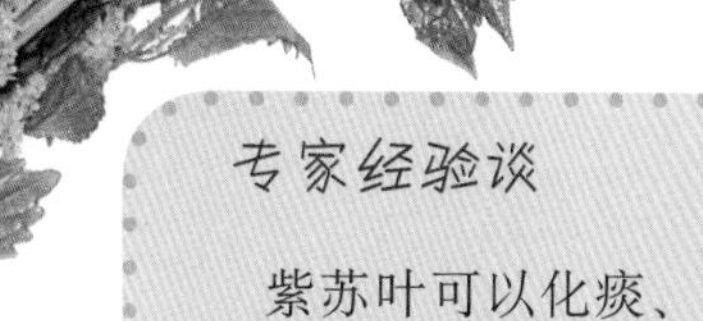

专家经验谈

紫苏叶可以化痰、止咳、平喘，还有润肠、通便之功，适用于痰多咳嗽及便秘之症。

◇萝卜姜汤

萝卜姜汤

原料：

白萝卜1个，生姜1块，大枣3枚。

做法：

1. 将白萝卜、生姜分别洗净，晾干，切成薄片待用。
2. 取白萝卜5片、生姜3片、大枣3枚置锅内，加水1碗，煮沸20分钟，去渣留汤，趁热代茶频饮。

营养解读：

辅助治疗小儿风寒感冒、咳嗽、鼻流清涕。

葱姜汤

原料：

细香葱（小葱）2～3根，老生姜1片，红糖适量。

做法：

将细香葱、老姜片分别冲洗干净，置小锅内，加水1小碗煎至半小碗，去渣留汤，加红糖少许即可。趁热饮服，每晚1剂，连服3晚。

营养解读：

辅助治疗小儿风寒感冒伴咳嗽之症。

生姜红糖水

原料：

生姜30克，红糖20克。

做法：

1.生姜洗净切片，捣末。

2.生姜末入锅，加红糖和适量清水，大火煮沸后改小火煮约20分钟，稍温可饮。每次喝50～100毫升，服后盖被见微汗。

营养解读：

可用于风寒感冒之畏寒、鼻塞、流清涕。

二、治疗咳嗽

◎营养注意

1. 区分是风寒感冒或是风热感冒引起的咳嗽。
2. 不要吃太过油腻难于消化的食物。
3. 注意补充足够的水分。

◇小儿咳嗽

◎食谱

梨汁

原料：

梨1/4个，清水适量。

做法：

1. 梨削皮去核，切成薄片。
2. 加适量水和梨肉同放入锅中，小火熬15分钟。
3. 熬至烂熟后过滤出梨肉，取汁待温喂食。

营养解读：

甘甜润肺，清热化痰。

◇梨汁

花生甜汤

原料：

花生仁100克，冰糖50克。

做法：

1. 花生仁洗净，和冰糖同放入煲内。
2. 加清水适量煮至花生仁烂熟即可。

营养解读：

花生可补气润肺。

茶鸡蛋

原料：

绿茶10克，鸡蛋1个。

做法：

鸡蛋洗净，与绿茶同加水入锅煮约30分钟，待温服用。

营养解读：

适合风热咳嗽者食用。

罗汉果煲猪肺

原料：

罗汉果半个，猪肺250克。

做法：

1. 猪肺洗净切小块，挤出泡沫；罗汉果洗净。
2. 二物同入锅，加适量清水，大火煮沸后改小火续煮1小时即可。

营养解读：

清热化痰润肺。

盐蒸橘子

原料：

橘子1个，盐少量。

做法：

1. 橘子去皮，在橘子里加少许盐，隔水蒸约20分钟。
2. 取出待温，吃果肉喝汁。

营养解读：

适用于风寒咳嗽，每天1～2次。也可用橙代替（不用去皮，但需要仔细清洗干净）。

豆浆粥

原料：

豆浆500毫升，大米50克。

做法：

1. 大米洗净，与豆浆同放入锅中。
2. 大火煮沸后转小火熬煮成稀粥，可加少量砂糖。早晚温热食用。

营养解读：

豆浆宽中润燥，但过食黄豆易生痰。

萝卜蜂蜜汤

原料：

白萝卜1个，蜂蜜100毫升。

做法：

1. 白萝卜洗净、掏空，倒入蜂蜜。
2. 白萝卜放入碗中，隔水蒸20分钟。
3. 吃萝卜喝汤，每天2次。

营养解读：

痰多则蜂蜜要减量。

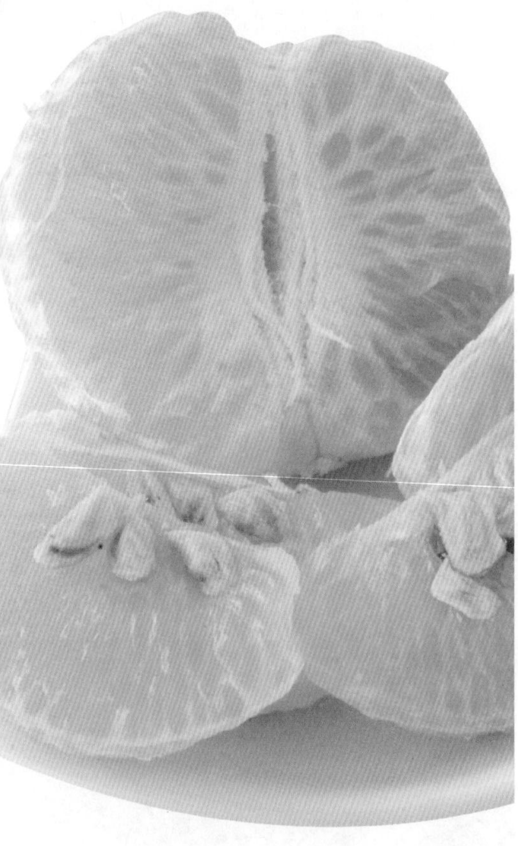

◇橘子

◆百合杏仁猪肺汤

百合杏仁猪肺汤

原料：

百合20克，杏仁5克，鲜猪肺250克。

做法：

1. 把各种材料洗净，同放入锅中。
2. 加水适量炖汤，汤成后加少许盐即可。饮汤吃猪肺，每天2次。

营养解读：

百合润肺清火，猪肺补肺止咳。适用于肺阴亏虚引起的干咳久咳。

杏仁海底椰煲瘦肉汤

原料：

南、北杏仁各15克，海底椰50克，无花果5个，猪瘦肉250克。

做法：

1. 南、北杏仁去衣，猪瘦肉切件汆水。
2. 往锅内注入适量清水，猛火烧开后放入全部材料，转小火煲2小时，加盐调味即可。

营养解读：

海底椰清燥除热、止咳嗽；南杏仁止咳润肺；北杏仁止咳平喘、润肠通便；无花果健胃清肠、利咽；猪瘦肉润燥滋阴。

◆杏仁海底椰煲瘦肉汤

三、治疗腹泻

◇小儿腹泻会引起胃肠不适

◎营养注意

1. 适当减少进食量，食物以粥为宜，要清淡容易消化。

2. 不要喂食难消化的食物和脂肪量高的食物，以及生冷寒凉之物如绿豆、荷包蛋、奶油蛋糕等。补充足够的水分，防止脱水。

3. 牛奶、核桃等具有滑肠功效，慎食。

◎食谱

砂仁蒸猪腰

原料：

猪腰1个，砂仁3克，食用油、盐各少量。

做法：

1. 猪腰洗净，从中间切开，剥去白色筋膜，切片，与砂仁拌匀，加油、盐调味。
2. 放碗中置锅内隔水蒸熟。

营养解读：

益气调中，和肾醒脾。适用于小儿脾虚久泻引起的脱肛。

苹果汁

原料：

苹果1/4个，清水适量。

做法：

1. 苹果去核，切丁。
2. 加适量水与苹果肉同入锅中，小火熬15分钟。
3. 熟后过滤出果肉，待温喂食。

营养解读：

适合小儿消化不良性腹泻者食用。

◇苹果汁

蒸苹果泥

原料：

苹果1个。

做法：

1. 苹果洗净，切薄片。
2. 苹果片放入碗内，隔水蒸熟后捣成果泥。

营养解读：

苹果泥治小儿腹泻效果最佳。

山药汤

原料：

山药60克。

做法：

山药加开水200毫升入锅煮汤，煮至100毫升时关火。去渣喂服。

营养解读：

适合腹泻后身体虚弱、营养不良的患儿食用。

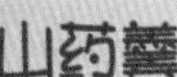

山药羹

原料：

山药10克。

做法：

1. 山药打成粉末状。
2. 山药粉加水煮成羹。

营养解读：

山药性平，可补虚，适合大便稀薄者食用。

莲子羹

原料：

干莲子20克，米汤200毫升，砂糖少量。

做法：

1. 莲子去心研末。
2. 加米汤煮至150毫升，加砂糖调服。

营养解读：

适用于虚性腹泻。

四、治疗小儿夏季热

◎营养注意

1. 饮食要清淡，供给足量的热量和蛋白质，以流质和半流质饮食为主。

2. 常吃具有解暑、清热、生津、利尿作用的食物，如西瓜、绿豆、冬瓜、丝瓜、黄瓜、金银花、梨、甘蔗等。

3. 可以常饮西瓜汁、梨汁、甘蔗汁、藕汁来补充水分。

4. 忌食油腻难消化的食物。

◇小儿发热

◎食谱

◇茭白粥

茭白粥

原料：

茭白、大米各100克。

做法：

1. 茭白洗净切丝，水煎煮，取汁滤渣。

2. 大米淘洗干净，与茭白汁一同熬煮至粥成即可。

营养解读：

茭白有清热除烦、生津止渴的功效，但腹泻患者勿食。

冬瓜荷叶粥

原料：

大米100克，冬瓜50克，新鲜荷叶1张。

做法：

1. 冬瓜去皮洗净切块；大米、荷叶洗净，荷叶切成4大片。
2. 将大米与冬瓜块同入锅，注入清水1 000毫升，大火烧开后将荷叶片放入，转小火慢熬至粥成。去荷叶片，下盐、麻油调匀，分2次空腹服。

营养解读：

适合夏季食欲不振者食用。

荷叶冬瓜汤

原料：

新鲜荷叶1张，新鲜冬瓜500克。

做法：

1. 荷叶洗净，冬瓜洗净切块。
2. 二者同放入锅内，加清水适量大火煮沸后再小火煮30分钟，出锅时加少量盐调味。

营养解读：

荷叶、冬瓜均有消暑清热之功，多饮此汤可预防中暑。

◇干荷叶

◇荷叶粥

荷叶粥

原料：

干荷叶2张，粳米30克。

做法：

1. 荷叶洗净，加水煎煮，滤渣取汁。
2. 荷叶汁中加粳米煮成稀粥，早晚服用。

营养解读：

荷叶解暑利湿，但味道有点苦涩，可加少量冰糖调味。

麦冬粥

◇麦冬

原料：

麦冬15克，大米50克。

做法：

1. 麦冬洗净，加水煎20分钟，去渣取汁。
2. 大米和麦冬汁入锅，煮成稀粥。

营养解读：

适用于夏季热后期舌苔花剥。

◇薄荷

薄荷粥

原料：

薄荷3克，大米50克。

做法：

1. 薄荷洗净，研末；大米洗净。
2. 大米加水煮稀粥，熟后倒入薄荷末，拌匀后再煮二三沸。

营养解读：

适用于发热无汗。

空心菜荸荠汤

原料：

新鲜空心菜150克，荸荠8个。

做法：

1. 空心菜洗净，摘好；荸荠洗净去皮，切块。
2. 全部材料入锅，加适量清水大火煮沸后改小火煎煮约20分钟。每天分3次饮用，连饮1周。

营养解读：

适用于夏季热见口渴、尿黄。

红糖绿豆沙

原料：

绿豆50克，红糖少量。

做法：

1. 绿豆洗净，清水浸泡约1小时。
2. 绿豆入锅，加适量清水煮至沙状，出锅前加红糖调味即可。

营养解读：

清热解毒，对小儿常生疮疖有辅助治疗作用。

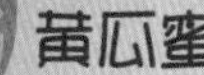

金银花露

原料：

金银花10克。

做法：

1. 金银花洗净。
2. 金银花入锅，加500毫升清水煎煮至300毫升，去渣取汁，分3次饮用。

营养解读：

金银花有助于透表清热。

扁豆香薷饮

原料：

扁豆30克，香薷15克。

做法：

1. 扁豆、香薷洗净。
2. 二者同入锅加清水适量煎汁。每天3次，温热服用。

营养解读：

扁豆益气健脾、消暑化湿，香薷可发汗解暑。适合夏季受凉感冒患儿饮用。

◇扁豆

黄瓜蜜

原料：

黄瓜5条，蜂蜜100毫升。

做法：

1. 黄瓜洗净去瓤，切成条。
2. 黄瓜条入锅，加清水适量煮沸，立即将水倒出，趁热加蜂蜜调匀即可。

营养解读：

黄瓜汁解暑清热，很适合酷暑季节食用。

西瓜汁

原料：

西瓜1瓣。

做法：

西瓜取瓤榨汁，给宝宝饮用。4～6个月的宝宝要将西瓜汁与白开水按1：3至1：1的比例稀释后再喂。

营养解读：

西瓜清甜解暑，适合口渴多汗者饮用。但西瓜性寒，脾胃虚寒、腹泻患者不宜食用，立秋后也最好不要食用。

绿豆汤

原料：

绿豆60克。

做法：

绿豆洗净加水煮汤，煮至绿豆熟烂即可。可加适量砂糖调味。

营养解读：

适合咽干口渴者饮用，可预防中暑。

五、治疗百日咳

◎营养注意

1. 饮食要选择容易消化、容易吞咽的半流食或者软食，清淡少油，不要食用辛辣刺激性的食物。

2. 多饮用清润的汁水，如萝卜汁、梨汁、蜂蜜（1岁以上）等。

3. 可食用胡萝卜、萝卜、芹菜、茄子、扁豆、黄豆芽、大蒜、大枣等食物。

4. 忌食螃蟹、海鱼、海虾等发物及辛辣刺激食物。

◇多饮用清润的汁水

◎食谱

橘茹饮

原料：

橘皮30克，竹茹30克，柿饼30克，生姜3克，砂糖少量。

做法：

1. 橘皮洗净后切成约1厘米宽的长条，竹茹挽成10个小团，柿饼切成0.2~0.3厘米厚的片，生姜洗净切成0.1厘米厚的薄片待用。

2. 以上四物同入锅，加清水约1 000毫升，置中火上烧沸煮约20分钟。

3. 滗出药汁再煎一次，合并煎液，用清洁的细纱布过滤出澄清的液体。药液加入砂糖，搅匀即成。

营养解读：

止咳、润燥、清热、杀菌。

◇竹茹

紫苏粥

原料：

新鲜紫苏叶10克，大米50克，红糖适量。

做法：

1. 大米洗净；紫苏叶洗净后，与红糖一起捣烂成泥。
2. 大米入锅，加适量清水熬稀粥，粥成倒入紫苏叶泥，小火再煮熟即可。

营养解读：

用于百日咳初期。

紫苏粥

扁豆大枣汤

原料：

扁豆50克，大枣10枚。

做法：

1. 扁豆、大枣洗净。
2. 二物同入锅，加水适量煎煮15分钟左右，去渣取汤，每天饮服3次。

营养解读：

可补益五脏，适用于恢复期补充营养。

萝卜大枣汤

原料：

胡萝卜200克，大枣10枚。

做法：

1. 胡萝卜洗净，大枣去核。
2. 二物入锅加3碗清水，大火煮沸后改小火，煮至1碗水量后关火，饮用。

营养解读：

适合百日咳恢复期食用。

大蒜粥

原料：

大蒜50克，砂糖100克，糯米100克。

做法：

1. 大蒜剥皮、洗净。
2. 糯米淘净放入锅中，加水1 000毫升并放入大蒜瓣。
3. 大火烧开后转用小火熬煮成粥，调入少许砂糖。每天服1剂，分次食用。

营养解读：

大蒜中的大蒜素和大蒜新素可抑制细菌生长繁殖，有抗菌消炎的作用。

大蒜

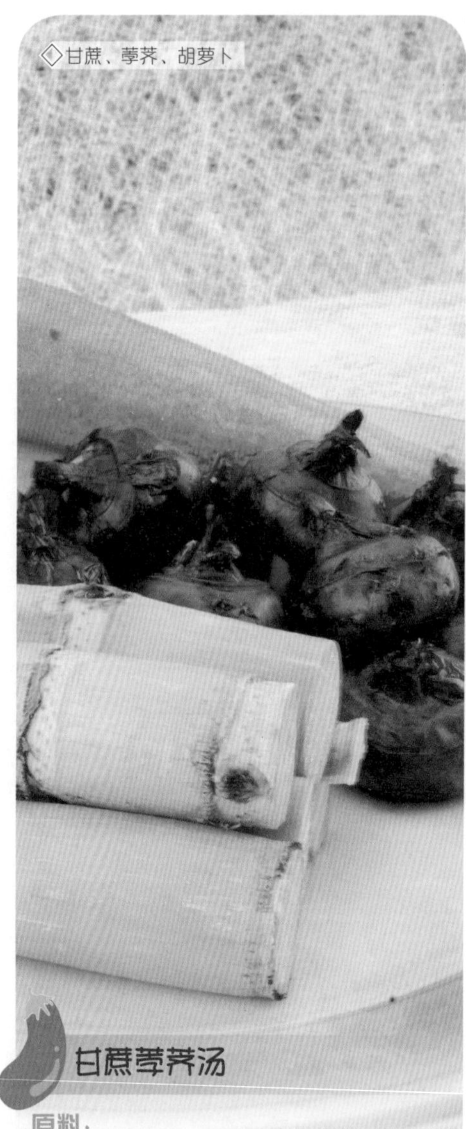

甘蔗荸荠汤

原料：

甘蔗、荸荠、胡萝卜各200克。

做法：

1.分别将甘蔗、荸荠、胡萝卜洗净，切小块。

2.全部材料同入锅，加适量清水大火煮沸后改小火煎煮20分钟，去渣取汁。

营养解读：

可代茶饮，适用于发热口渴。

银耳粥

原料：

银耳30克，大米50克，冰糖适量。

做法：

1.银耳水发洗净，撕小朵；大米洗净。

2.银耳和大米同入锅，加清水适量熬粥，粥成加冰糖溶化即可。

营养解读：

用于百日咳恢复期。

六、治疗呕吐

◇小儿呕吐

◎营养注意

1. 节制饮食，给予清淡易消化的食物。
2. 禁食油腻辛辣食物，生冷蔬菜水果慎食。
3. 少食多餐，不要过饱。

◎食谱

陈皮麦芽饮

原料：

陈皮、炒麦芽各6克。

做法：

二物洗净同入锅，加适量清水大火煮沸后改小火续煮半小时即可，分2次服用。

营养解读：

适用于呕吐伴有食欲不振者。

陈皮粥

原料：

陈皮3克，大米50克。

做法：

1. 陈皮洗净切成条状。
2. 大米洗净，加水煮成稀粥。
3. 陈皮条放入稀粥中稍煮，煮至粥稠即可。

营养解读：

适用于脾胃气滞引起的呕吐。

◇陈皮

葛根粥

原料：

葛根30克，大米50克，生姜3片，蜂蜜少量。

做法：

1．葛根煎水，去渣取汁。

2．葛根汁和大米同煮粥，最后倒入生姜、蜂蜜拌匀即可。

营养解读：

适用于小儿风热感冒、呕吐、头痛、惊啼等。

◆葛根粥

韭菜姜汁奶

原料：

韭菜200克，生姜20克，牛奶200毫升。

做法：

1．韭菜摘去老叶洗净切碎榨汁，生姜去皮拍松榨汁。

2．韭菜汁和生姜汁一起倒入牛奶中，小火煮沸即可。

营养解读：

韭菜可温中下气、理血补虚，生姜可温中散寒、健胃止呕。因此本菜肴有暖胃和中的功效，适用于小儿胃寒而引起的呕吐等症。

芦根粥

原料：

芦根30克，粳米50克。

做法：

1．将粳米淘净，芦根洗净。

2．把芦根放入锅内，加清水适量用大火烧沸后，转用小火煮10分钟，去渣取汁，待用。

3．粳米、芦根汁放入锅内，用大火烧沸后转用文火熬煮成粥即可。每天1次，早晨空腹食用。

营养解读：

清热止呕，适用于小儿胃热引起的呕吐。

七、治疗便秘

◎营养注意

◇吃含纤维素较多的蔬果

1. 多喝开水，保证足够的饮水量。
2. 可以多食含纤维素较多的蔬菜，如胡萝卜、白菜、芹菜等以及香蕉等水果。
3. 主食可适当搭配番薯、玉米、小米等粗粮。
4. 少食油腻的食物。

◎食谱

芹菜汁

原料：

新鲜芹菜50克。

做法：

1. 芹菜洗净，切成小段。
2. 加水煮透，去渣取汁。

营养解读：

芹菜可清热平肝，但性偏凉，宝宝不宜过量食用。

◇芹菜汁

专家经验谈

按摩改善便秘：以宝宝肚脐为中心，大人用手掌按顺时针方向轻轻按摩宝宝腹部。按摩10圈休息5分钟，再按摩10圈，如此反复进行3次。

花生核桃粥

原料：

花生仁20克，核桃仁30克，大米100克，冰糖少量。

做法：

核桃仁浸泡，去薄衣切碎；花生仁、大米洗净，大米入锅加适量清水煮粥，煮至米开花时，倒入其他材料煮熟即可。

营养解读：

既通便又可补充营养。

白菜粥

原料：

大米100克，白菜50克，水半杯。

做法：

1. 大米淘净后浸泡1小时，碾成米末。
2. 白菜叶洗净，在开水中烫10秒钟左右，再放在冷水中浸泡半小时，沥水、剁碎。
3. 往米末中加半杯水，大火煮沸改用小火继续煮，边煮边搅拌，煮至米熟，将剁碎的白菜放入粥内，再煮几分钟即可。

营养解读：

白菜通肠胃，适合习惯性便秘、大便干结者食用。但脾胃虚寒的宝宝不宜多食。

白菜粥

苹果胡萝卜汁

原料：

胡萝卜2条，苹果1个。

做法：

1. 胡萝卜洗净，榨汁；苹果洗净，榨汁。
2. 二汁混合搅拌均匀，马上饮用。
3. 稍有便秘者可加少许凉开水饮用，每次20毫升。严重时1天喝2次，每次20毫升。

营养解读：

含有丰富的纤维素和维生素，有助于排便。

苹果胡萝卜汁

八、治疗麻疹

◇小儿麻疹

◎营养注意

1. 食用清淡、易消化的半流质食物。
2. 忌食生冷、辛辣油腻或煎炸熏烤的食物。

专家经验谈

在麻疹初期尤其是疹子透发不快者，可用新鲜芫荽500克煎水，趁热用干净毛巾蘸水擦拭脸部、颈部、手足，使身体微微汗出。

◎食谱

麦冬粥

原料：

麦冬15克，大米50克，冰糖少量。

做法：

1. 麦冬加水煎汤，去渣取汁；大米洗净。
2. 大米加水煮粥，煮至半熟时调入麦冬汁和冰糖，煮熟即可。

营养解读：

适用于麻疹后期，见咽干便秘、倦怠等症状。

百合绿豆汤

原料：

百合100克，绿豆50克，冰糖少量。

做法：

1. 百合、绿豆分别洗净，同入锅加水煮至绿豆烂熟。
2. 加入少量冰糖调味即成。

营养解读：

清热解毒，益气润燥。适用于麻疹初期。

◇百合绿豆汤

荸荠芫荽饮

原料：

荸荠5个，芫荽20克，红糖适量。

做法：

1. 荸荠去皮，洗净切片；芫荽洗净切段。
2. 荸荠片加水300毫升，大火煮沸后倒入红糖，改小火煮熟，再放入芫荽段煮沸即可。

营养解读：

适用于小儿麻疹透发不畅、烦热口渴。

◇芫荽

芫荽黄豆汤

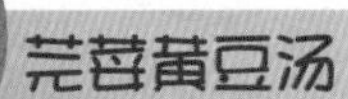

◇芫荽黄豆汤

原料：

新鲜芫荽30克，黄豆50克。

做法：

1. 芫荽和黄豆洗净，同入锅加水煮。
2. 沸后加少量食盐即可。

营养解读：

可发汗透疹，适合小儿麻疹、豆疹等病毒性和发疹性患儿食用。

芫荽胡萝卜荸荠甘蔗汤

◇芫荽胡萝卜荸荠甘蔗汤

原料：

芫荽10克，胡萝卜、荸荠、甘蔗各60克。

做法：

1. 所有材料同入锅加水煎煮。
2. 去渣取汁，待凉随意饮用。

营养解读：

适用于麻疹初起时。

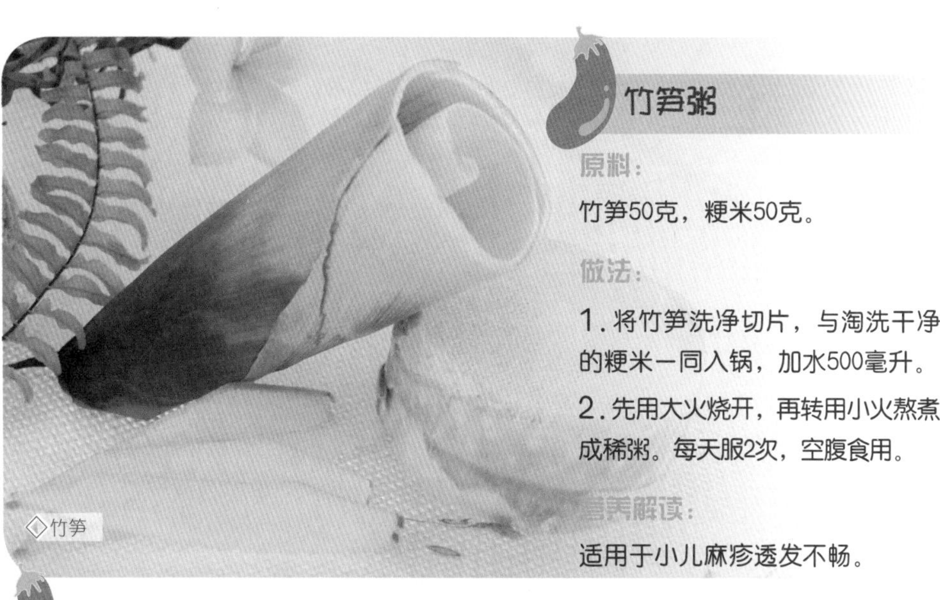
◇竹笋

竹笋粥

原料：

竹笋50克，粳米50克。

做法：

1. 将竹笋洗净切片，与淘洗干净的粳米一同入锅，加水500毫升。
2. 先用大火烧开，再转用小火熬煮成稀粥。每天服2次，空腹食用。

营养解读：

适用于小儿麻疹透发不畅。

白茅根水

◇白茅根

原料：

白茅根30克。

做法：

1. 白茅根洗净。
2. 入锅加适量清水，煎水代茶饮。

营养解读：

清热凉血，适合麻疹透发期。

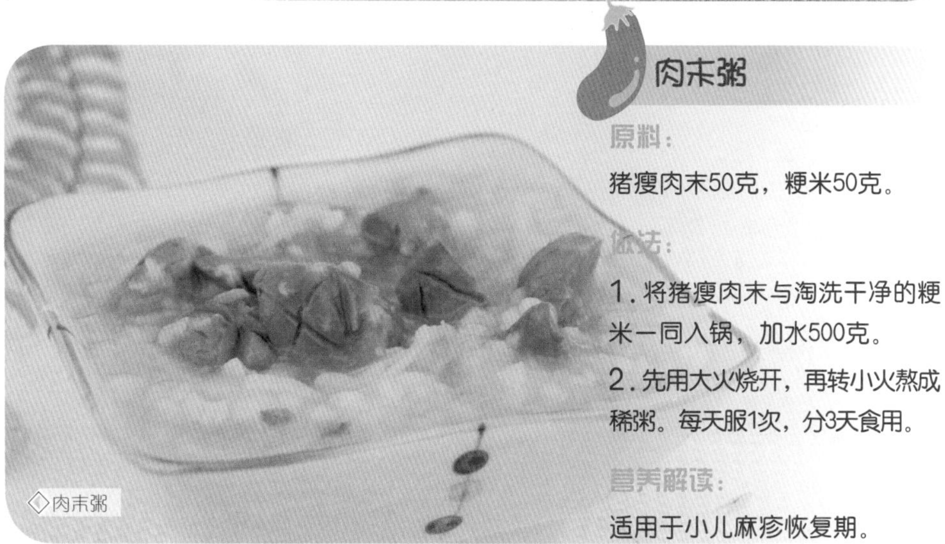
◇肉末粥

肉末粥

原料：

猪瘦肉末50克，粳米50克。

做法：

1. 将猪瘦肉末与淘洗干净的粳米一同入锅，加水500克。
2. 先用大火烧开，再转小火熬成稀粥。每天服1次，分3天食用。

营养解读：

适用于小儿麻疹恢复期。

九、治疗腮腺炎

◎营养注意

1. 要选择清淡容易咀嚼和消化的食物，多吃新鲜果蔬。

2. 不要吃味酸以及温热辛辣油腻或热性的食物。

3. 鸡肉、鹅肉、虾肉、螃蟹等属于发物，不吃为好。

◎食谱

◇多食新鲜果蔬

荸荠鲜藕茅根饮

原料：

荸荠10个，鲜藕200克，鲜茅根200克。

做法：

1. 三物洗净，切块。
2. 三物同入锅，加清水适量，大火煮沸后改小火续煮20分钟，去渣取汁。每天1剂，可代茶饮。

营养解读：

适用于患病初期发热。

◇荸荠鲜藕茅根饮

专家经验谈

仙人掌去刺，捣烂成泥敷在患处，干后调换，可缓解腮部肿痛。

绿豆黄豆粥

原料：

绿豆200克，黄豆100克，粳米50克，红糖适量。

做法：

1. 绿豆、黄豆、粳米洗净。
2. 三物同入锅，加清水适量大火煮沸后改小火熬粥，最后加入红糖，煮至溶化即可。

营养解读：

适用于流行性腮腺炎初期。

鸭蛋冰糖汤

原料：

鸭蛋2个，冰糖30克。

做法：

1. 冰糖放入热水中搅拌溶化。
2. 待糖水凉后打入鸭蛋搅匀，上笼蒸熟。每天2剂，连服7天。

营养解读：

适用于热毒蕴结型流行性腮腺炎。

◇鸭蛋冰糖汤

◇蒜泥

蒜泥马齿苋

原料：

鲜马齿苋60克，蒜泥10克。

做法：

1. 马齿苋洗净，加水煮熟捞出切段。
2. 将蒜泥和酱油倒入马齿苋中，拌匀即可。作凉菜随意食用，连用7天。

营养解读：

适用于热毒蕴结型流行性腮腺炎。

浮萍散

原料：

干浮萍90克，大葱白3根。

做法：

1. 将浮萍研为细末。
2. 取浮萍末10克与大葱白熬水冲服，每天1次。

营养解读：

可疏风消肿。

◇鲜浮萍

十、治疗小儿遗尿

◇小儿遗尿

◎营养注意

1. 饮食不宜过咸或过甜，应食用具有补肾功能的食物，如羊肉、虾肉、田鸡、猪脊骨等。

2. 晚上最好减少饮水量，少食流质，夏天晚上少食西瓜、橘子等水果。

专家经验谈

预防小儿遗尿，要从小培养宝宝按时排尿及睡前排尿的好习惯。

◎食谱

母鸡粥

原料：

黄母鸡1只，粳米120克，黄芪30克，熟地15克。

做法：

1. 将鸡去毛及内脏，洗净。
2. 鸡肉与黄芪、熟地同入锅，加适量清水煮至熟烂。
3. 将粳米倒入鸡肉锅中煮粥，调味随意食用。

营养解读：

补虚益气，滋阴补肾。适合虚证所致的小儿遗尿。

羊肉黑枣汤

原料：

羊肉30克，黑枣2枚，盐少量。

做法：

1. 羊肉、黑枣分别洗净。
2. 二物同入锅，加适量清水大火煮沸后改小火熬煮1小时，加盐调味即可。

营养解读：

补血益气，暖肾滋阴。

荔枝桂圆方

原料：

荔枝10个，桂圆10个。

做法：

二物洗净，水煎服。

营养解读：

适用于脾肺气虚型的患儿服食。

猪腰核桃汤

原料：

猪腰1个，核桃仁30克，花生、莲子、大枣、姜各5克，盐少量。

做法：

1. 猪腰洗净，切片。
2. 放入所有材料，加适量清水大火煮沸后改小火熬煮约1小时，出锅时加盐即可。

营养解读：

补肾益气。痰湿患儿不宜食用。

◇猪腰核桃汤

茯苓益智仁粥

原料：

益智仁、白茯苓、糯米各50克。

做法：

1. 将益智仁和白茯苓研为细末。
2. 糯米煮粥，然后调入药末稍煮片刻，待粥稠即可。每天早晚2次，温热服，连服5～7天。

营养解读：

益脾暖肾固气，适用于小儿流涎及小儿遗尿。脾胃积热者不宜食用。

灯心草粥

原料：

灯心草6克，大米30克，山栀子3克，石膏10克。

做法：

1. 先煎石膏、山栀子、灯心草。
2. 久煎取汁去渣，放入大米一同煮成粥。每天分2次服用。

营养解读：

清热泻脾，适用于小儿流涎、口舌生疮、烦躁不宁等症。

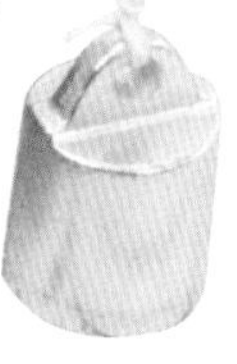

◇益智仁

十一、治疗小儿疳积

◎营养注意

1. 喂养得当，不要过食。

2. 调整饮食结构，食用较清淡的食物，零食不要吃太多。

3. 尽量避免吃油腻食物。

◇要控制零食的摄入量

◎食谱

独脚金煲猪瘦肉

原料：

独脚金15克，猪瘦肉100克。

做法：

独脚金、猪瘦肉加清水3碗煎至1碗，用食盐少许调味。佐餐食，饮汤食肉。

营养解读：

清肝热、消疳积、健脾胃。适用于小儿疳积、脾虚肝热、食欲不振等。

砂仁粥

原料：

大米50克，砂仁2克。

做法：

1. 大米洗净，砂仁研末。
2. 大米入锅加水煮粥，将熟时入砂仁末稍煮即可。早、晚餐温热服。

营养解读：

适用于小儿食欲不振、消化不良。

◇砂仁

燕窝粥

原料：

燕窝10克，粳米50克。

◇燕窝

做法：

1.燕窝加温水浸泡至松软后，洗净沥干，撕成细条。

2.燕窝与淘洗干净的粳米一同入锅，加水500毫升，先用大火烧开，再转小火熬煮成稀粥。

营养解读：

养阴润燥，益气补中。适用于小儿形体瘦弱、童子痨咳嗽、咯血、痰喘、噤口痢、气血不足。

牛肚粥

原料：

牛肚250克，大米75克。

做法：

1.牛肚用盐搓洗净，切小丁；大米洗净。

2.牛肚丁与大米加清水适量共煮成稀粥。

营养解读：

益气血，健脾胃。适用于小儿病后虚弱、食欲不佳、气血不足。

◇牛肚

姜韭牛奶汁

原料：

鲜韭菜50～150克，生姜20～30克，鲜牛奶250克。

做法：

1.将鲜韭菜、生姜洗净后捣碎，绞取汁液。

2.韭菜汁和生姜汁加入鲜牛奶中，加热煮沸即可。频频温服或佐餐食用。

营养解读：

适用于小儿疳积及消化不良，或脾胃虚寒、恶心呕吐、不思纳食、噎膈反胃。牛奶滋养补虚、益胃润燥，与韭菜、生姜配伍，共奏温养胃气、降逆止呕之功效。

麦芽山楂饮

原料：

炒麦芽10克，炒山楂片3克，红糖适量。

做法：

1.麦芽和山楂洗净。

2.二物加水1碗共煎15分钟取汁，加入红糖调味即可。饭前、饭后饮用均可。

营养解读：

消食化滞，健脾开胃。适用于伤食（乳）泄泻、厌食、腹胀等症。由于炒麦芽善消面食、除积滞，炒山楂片解肉食油腻、行积滞，二药合用，既消食又开胃，且味酸甜美，小儿乐于饮用。

麦芽谷芽山楂水

原料：

麦芽15克，山楂片10克，谷芽15克，片糖半块。

做法：

1.麦芽和谷芽洗净。

2.全部材料放入锅内，加500毫升清水，大火煮沸后改小火煮至300毫升即可。饭后服。

营养解读：

适用于幼儿暑天多饮冷饮以致肠胃积滞不欲饮食者。

麦芽山楂饮

十二、治疗佝偻病

◇注意观察、早期防治佝偻病

◎营养注意

1. 食物要切小煮烂，便于消化。

2. 给予维生素D含量丰富的食物，如蛋黄、动物肝脏、蔬菜等，适当喂服鱼肝油。

3. 日常饮食中增加富含钙质、磷质的食物，如鱼、虾、牛奶、香蕉等。

◎食谱

鸡蛋虾仁粥

原料：

鲜虾仁5只，鸡蛋1个，大米100克，麻油、盐各少量。

做法：

1.虾仁洗净、剁碎，入锅用麻油稍炒。

2.鸡蛋打散、搅匀，入锅煎成蛋皮，切碎。

3.大米洗净，加水适量煮粥，熟后加入虾仁、蛋皮、盐，煮稠即可。

营养解读：

补钙。

香菇猪蹄汤

原料：

水发香菇5朵，猪蹄1只，丝瓜200克，豆腐1块，姜丝、盐、麻油各少量。

做法：

1.丝瓜洗净后切片，猪蹄洗净后斩块。

2.将猪蹄块倒入锅中，加适量清水大火煮沸，再倒入香菇、姜丝、盐，改小火煮约20分钟。

3.将丝瓜片倒入猪蹄锅中，煮至肉熟烂即可，出锅前可滴入少量麻油。

营养解读：

猪蹄可补血益气，本汤有壮骨养血的功效。

专家经验谈

淘洗大米时，把洗好的米用清水略泡半小时，使粥易煮烂，有利于宝宝的进食与消化吸收。

蛋壳粉

原料：

鸡蛋2个，米醋或米汤适量。

做法：

1. 鸡蛋洗净，敲破取壳。
2. 蛋壳入锅炒黄后，研为细末。每次取5克，用米醋或米汤调成糊状，饭后服，每天1～2次。

营养解读：

适用于佝偻病之乒乓头、囟门迟闭。

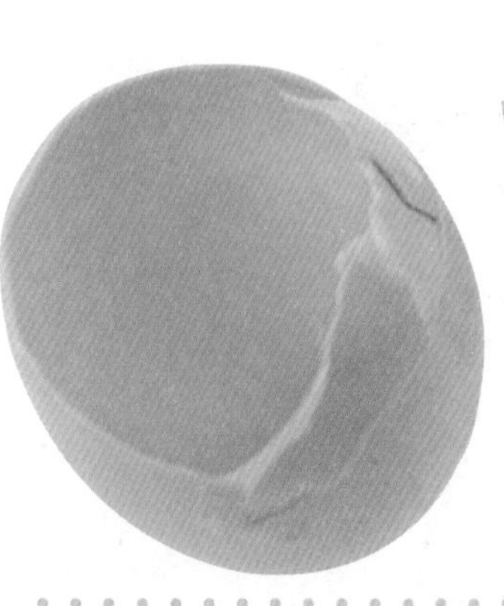

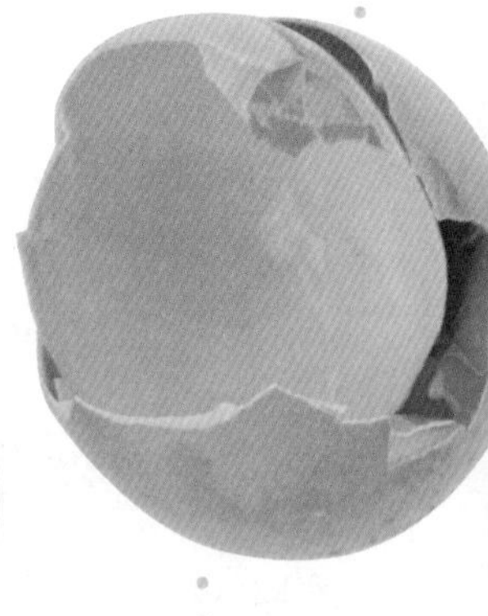

◇鸡蛋壳

◇软骨黄豆汤

软骨黄豆汤

原料：

猪软骨500克，黄豆50克，花生30克，香菇5朵，拍扁大姜1块。

做法：

1. 猪软骨洗净汆水，黄豆洗净清水泡发，香菇泡发去蒂。
2. 全部材料放入锅内，加适量清水煮汤。

营养解读：

2岁以上宝宝可喝汤吃软骨。适用于佝偻病之肋骨外翻。

十三、治疗湿疹

◇小儿湿疹

◎营养注意

1. 宜多食清淡易消化食物，如鸡蛋、猪瘦肉等。

2. 食用清热利尿的食物，多饮水，多食新鲜水果和蔬菜。

3. 不宜多食甜腻以及辛辣刺激、海鲜发物，如辣椒、葱、姜、羊肉、香菇等。

4. 寻找致敏物，避免食用。

◎食谱

金银花粥

原料：

金银花5克，绿豆30克，大米50克。

做法：

1. 金银花加水煎煮，去渣取汁；绿豆、大米洗净。
2. 大米、绿豆同入锅，倒入金银花汁，大火煮沸后改小火煮至粥熟。

营养解读：

绿豆清热解读，金银花清热抗炎。

◇金银花、绿豆

空心菜马齿苋汤

原料：

新鲜空心菜30克，新鲜马齿苋30克。

做法：

二物洗净同入锅，加清水煮汤，去渣取汁。

营养解读：

适用于湿疹初起。

麦芽赤小豆粥

原料：

大麦芽15克，赤小豆、大米各30克。

做法：

1. 各物洗净，赤小豆清水泡发。
2. 各物同入锅，加适量清水煮至粥熟。

营养解读：

利水消肿。

十四、治疗水痘

◇小儿水痘

◎营养注意

1. 多喝开水，补充水分。

2. 进食易消化的食物，如粥、蛋汤、绿豆汤、鸡蛋面条等。

3. 忌食油腻辛辣的食物以及油炸食物。

◎食谱

绿豆赤小豆粥

原料：

绿豆100克，赤小豆30克，冰糖少量。

做法：

1. 绿豆洗净，赤小豆洗净。
2. 二物同入锅，加适量清水煮至熟烂，调入冰糖煮至溶化即可。

营养解读：

适用于出疹烦热。

专家经验谈

宝宝出水痘期间，可在温水中加入少量小苏打，然后给宝宝沐浴，可以帮助宝宝减轻瘙痒；在患处涂抹炉甘石洗剂也有止痒作用。为防止宝宝脱水，可喂果汁、大麦茶、米粥等。

金银花饮

原料：

金银花15克，甘草10克。

做法：

二物洗净同入锅，加适量清水大火煮沸后改小火续煮半小时。分3次服用，1天服完。

营养解读：

适用于初期发热。

◇金银花饮

马齿苋荸荠糊

◇马齿苋

原料：

马齿苋、荸荠粉各30克，冰糖适量。

做法：

1. 马齿苋洗净，绞汁。
2. 马齿苋汁中调入荸荠粉，加入冰糖，用沸水冲成糊状。每天1次。

营养解读：

适用于小儿水痘已出或将出、发烧、烦躁、便溏。

◇板蓝根饮

板蓝根饮

原料：

板蓝根30克，甘草5克。

做法：

二物洗净同入锅，加适量清水，大火煮沸后改小火续煮半小时即可。

营养解读：

适用于初期发热咳嗽。

胡萝卜芫荽饮

原料：

胡萝卜100克，芫荽50克。

做法：

1. 各物洗净，胡萝卜去皮、切块。
2. 把胡萝卜、芫荽放入锅内，加500毫升清水，大火煮沸后改小火续煮至300毫升即可。

营养解读：

适用于水痘初起。

◇胡萝卜

十五、治疗猩红热

◇患病期间可出现喉咙肿痛等症状

◎营养注意

1. 少食多餐，以清淡易消化的流质饮食为主，逐渐过渡到日常饮食。

2. 补充维生素和无机盐，多食新鲜水果和蔬菜。

3. 禁食油腻刺激的食物。

◎食谱

芦根橄榄饮

原料：

鲜芦根60克，咸橄榄4个，蜂蜜少量。

做法：

先将芦根洗净，再把芦根和橄榄放入锅，加适量清水，调入蜂蜜煮汤，去渣取汁。

营养解读：

清热解毒，适合恢复期调理饮用。

◇芦根橄榄饮

罗汉果茶

原料：

罗汉果1个。

做法：

罗汉果洗净、打碎，放入锅加适量清水煎煮，去渣取汁，待温服用。

营养解读：

缓解患病期间喉咙肿痛。

冬瓜汤

原料：

新鲜冬瓜500克，盐少量。

做法：

1. 冬瓜洗净，去籽，切块。
2. 冬瓜块入锅，加适量清水煮汤，熟后加盐调味即可。

营养解读：

适用于患病期间口渴心烦、小溲短赤。

第四章

调理食谱

一、补钙

◎补钙食物

通过食物来摄取成长发育所需的钙，是最安全最经济的途径。以下食物富含钙质。

- 大豆、豌豆、豆腐、豆腐干等豆制品含钙量高，且不会引起尿钙排出增加。
- 牛奶、酸奶、奶酪等奶制品，不仅钙的吸收率高，还同时提供优质蛋白质和微量元素。
- 维生素C可促进钙的吸收，食用含钙食物时可搭配橙子、柚子等富含维生素C的水果。

◎补钙食谱

白术猪骨粥

原料：

白术10克，猪骨500克，大米50克，砂糖少量。

做法：

1. 猪骨洗净，大米洗净。
2. 猪骨入锅，加适量清水大火煮沸，滴入三四滴陈醋，改小火续煮至汤白骨软，取汤备用。
3. 大米、白术一同放入猪骨汤中，煮至粥成，加砂糖溶化即可。

营养解读：

猪骨熬汤前先敲碎，并在汤中加少量醋，能更好地吸收钙质。

◇海带排骨汤

海带排骨汤

原料：

干海带200克，猪排骨400克，黄豆30克，盐、葱段、姜片各适量。

做法：

1. 海带温水泡发，切段；猪排骨洗净，斩块。
2. 锅内加水，放入猪排骨、姜片、葱段，煮沸后撇去浮沫，小火煮至肉熟，再加入海带煮至入味，出锅前加盐调味即可。

营养解读：

富含钙和维生素D，有助于钙的消化吸收。

◇白术猪骨汤

番薯玉米粥

原料：

番薯150克，玉米粒100克，大米100克。

做法：

1. 番薯去皮洗净切小块，大米淘净。
2. 大米、玉米粒同入锅加水煮粥，粥将熟时倒入番薯块，改为小火煮熟即可。

营养解读：

适合脾胃虚弱、营养不良者食用。

◇番薯玉米粥

山药黑芝麻粥

原料：

新鲜山药15克，炒熟的黑芝麻20克，大米100克，牛奶200毫升，冰糖适量。

做法：

1. 山药洗净去皮切碎，大米洗净。
2. 大米入锅加适量清水煮稠粥，粥快成时倒入牛奶搅匀煮沸。
3. 锅内再倒入山药粒、黑芝麻，拌匀后稍煮，出锅时加入冰糖即可。

营养解读：

黑芝麻含钙丰富，其钙含量要高于豆腐。

虾仁蒸蛋

原料：

鸡蛋1只，鲜虾仁8克，盐、麻油各少量。

做法：

1. 鸡蛋打散，加少许水搅拌均匀；虾仁洗净，切成碎末，加少许盐拌匀。
2. 将虾仁倒入蛋液中，上笼蒸熟，出锅时淋上麻油即可。

营养解读：

富含钙和维生素D，有助于钙的消化吸收。

黄豆蛋黄汤

原料：

鸡蛋1个，黄豆1小勺，鲜汤适量。

做法：

1. 黄豆打成豆粉，鸡蛋取蛋黄打匀。
2. 蛋黄液放入锅内，加入豆粉和鲜汤搅拌，小火烧开，蛋黄熟时即可出锅。

营养解读：

富含营养，有助于促进宝宝生长发育。

◇黄豆

◇芝麻粥

芝麻粥

原料：

炒熟的黑芝麻50克，大米150克，砂糖少量。

做法：

1. 将大米淘净，把黑芝麻碾碎。
2. 大米加水大火煮粥，煮沸后改小火煮至熟烂，加入黑芝麻和砂糖即可。

营养解读：

芝麻富含钙质，芝麻与大米煮粥补虚作用佳。

> 专家经验谈
>
> 把钙片碾碎后混入牛奶或食物中喂给宝宝，会使牛奶容易形成凝块，且身体不能充分吸收钙质。

燕麦粥

原料：

燕麦50克，牛奶250毫升，大米50克，砂糖少量。

做法：

1. 大米洗净煮粥至米烂，加入燕麦和牛奶搅拌均匀，小火烧至微开时不断搅拌，待粥变稠即可出锅。
2. 加入砂糖搅拌均匀，待温即可食用。

营养解读：

营养丰富，特别适合婴幼儿食用。

◇燕麦粥

二、补铁

◎补铁食物

补铁首先需要保证蛋白质的充分摄入，尤其是要保证动物性蛋白质（肉类、鱼类等）占45%以上。

- 动物性食品中的铁较易吸收、利用，此类食物有肉类，红肉（牛肉、猪肉、羊肉等）、鱼类、动物血、动物肝脏、蛋黄。
- 富含铁的食物有菌藻类，如海带、紫菜、黑木耳、香菇；干果果仁类，如红枣、葡萄干、桂圆、西瓜子、南瓜子、葵花籽等。
- 维生素C可促进铁的吸收，代表食物有草莓、猕猴桃、柚子、橙子、油菜、菠菜、苋菜等新鲜水果和蔬菜。

◎补铁食谱

三鲜鱼肉卷

原料：

鱼腩肉400克，鸡蛋1个，洋葱丝、芹菜丝各4勺，葱叶10根，盐少量。

做法：

1.鱼腩肉洗净去刺，切成5厘米长、3厘米宽、5毫米厚的长方形片约10条，刀背拍松。

2.洋葱丝、芹菜丝炒熟，稍加盐调味。

3.鸡蛋打散、搅匀，平底锅内煎成蛋皮后切丝，与洋葱丝、芹菜丝混合。

4.将三丝放在鱼片上卷好，用葱系紧，装盘蒸熟。

营养解读：

美味营养，利于消化吸收。

◇三鲜鱼肉卷

◇菠菜炒核桃

菠菜炒核桃

原料：

菠菜200克，核桃仁50克，盐少量。

做法：

1．菠菜去须根，洗净后焯烫，捞出后切寸段。

2．烧锅下油，加入菠菜炒熟，下核桃仁加盐炒匀即可。

营养解读：

补血益脑。

香干炒肉

原料：

香干5片，芹菜50克，猪瘦肉50克，高汤、盐少量。

做法：

1．猪瘦肉洗净切末，香干切丝，芹菜洗净切段。

2．锅内放油加热，倒入肉末煸炒成白色后再倒入香干丝、芹菜丝，炒匀后加高汤翻炒片刻，出锅时加盐拌匀即可。

营养解读：

补充铁质及蛋白质，有助于宝宝发育。

◇香干炒肉

大枣百合汤

原料：

大枣10克，百合10克，枸杞子12颗，冰糖少量。

做法：

1. 大枣、百合、枸杞子分别洗净。
2. 全部材料放入锅中，加水中火煮20分钟，加入冰糖调味即可。

◇百合

营养解读：

可用于辅助治疗小儿贫血。

◇豆芽

豆芽猪血汤

原料：

黄豆芽、猪血各200克，姜末、盐各少量。

做法：

1. 黄豆芽去根须洗净，猪血洗净后切小块。
2. 热锅下油，爆香姜末并下猪血，加适量清水煮沸后放入黄豆芽，煮熟后可加少量盐调味。

营养解读：

滋阴养肝，生血补血。

红米粥

◇红米

原料：

红米、赤小豆各50克，红枣2枚。

做法：

1. 红米、赤小豆洗净，红枣去核，三者以清水泡软。
2. 加水放入全部材料，粥成即可。

营养解读：

红米含有丰富铁质，可预防贫血。

三、明目

◎明目食物

宝宝的视力是要从小就注意保护的。以下一些食物对保护视力有较好的效果。

- 明目养肝的食物。《黄帝内经》认为："肝受血而能视"，即是说眼睛视力的好坏与肝脏贮存血液的多少有关。此类代表食物有山药、猪肝、羊肝、鸡肝、青鱼、枸杞子等。
- 富含胡萝卜素的食物，如青豆、南瓜、西红柿、胡萝卜、蔬菜。
- 富含维生素B_2的食物。维生素B_2能保证视网膜和角膜的正常代谢，缺乏容易导致眼睛发红发痒。代表食物有瘦肉、扁豆、绿叶蔬菜。
- 富含维生素A的食物。维生素A有不使角膜干燥、退化和维持角膜正常的作用，缺乏可导致角膜干燥，甚至夜盲症。蛋黄、羊奶、牛奶、黄油、猪油、鱼肉、动物肝脏含量较多。
- 少食辛辣、大热、肥腻的食物，如辣椒、大葱、肥肉等。

◇枸杞子

◎明目食谱

乌鸡肝粥

原料：

乌鸡肝30克，粳米50克，盐少量。

做法：

1. 乌鸡肝洗净、切末，粳米洗净。
2. 粳米加水煮粥，将熟时倒入乌鸡肝末、盐搅拌均匀，稍煮片刻即可。

营养解读：

乌鸡较家鸡营养丰富，滋阴补肝。

炒猪肝

原料：

猪肝250克，酱油、盐、麻油、姜末各少量。

做法：

1. 猪肝洗净、切薄片，与酱油、盐、麻油、姜末搅拌均匀。
2. 热锅下油，倒入猪肝片，大火炒熟即可。

营养解读：

养肝明目，适合肝血不足所致的视力模糊、小儿麻疹后角膜软化等症。

◇枸杞粥

枸杞粥

原料：

枸杞子20克，糯米50克，砂糖少量。

做法：

1. 枸杞子和糯米洗净。
2. 二物同入锅，加清水适量，大火煮沸后改小火续煮至熟，加砂糖搅拌均匀即可。

营养解读：

枸杞子滋补肝肾，有助于健脑黑发。

胡萝卜炒肉丝

原料：

胡萝卜300克，猪肉100克，韭黄、姜丝少量。

做法：

1. 胡萝卜去皮、切丝，猪肉切丝，韭黄切段。
2. 烧锅下油，下姜丝、肉丝翻炒至六成熟，倒入胡萝卜丝、韭黄继续翻炒至熟即可。

营养解读：

胡萝卜含有丰富的胡萝卜素，可转变为有益于眼部健康的维生素A，有保护视力、预防眼疾的功效。

◇胡萝卜炒肉丝

◆菊花饮

菊花饮

原料：

白菊花（干品）10克。

做法：

1. 菊花洗净，放入杯中。
2. 沸水冲泡，稍温即可饮用。

营养解读：

疏风清热，养肝明目。

枸杞子杭菊茶

原料：

枸杞子5克，杭菊10克。

做法：

1. 洗净枸杞子、杭菊。
2. 沸水冲泡。

营养解读：

枸杞子、杭菊均有清热明目的功效。

四、健脑

◎健脑食物

中医认为，脑的活动与五脏功能密切相关，健脑一般通过安心养神等途径达到。大脑在发育过程中需要丰富的营养物质，特别是蛋白质、维生素、卵磷脂等。

- 新鲜蔬菜、水果和干果坚果。含有不饱和脂肪酸、脂肪和维生素，对大脑发育有益。
- 鱼类、肉类、蛋类中乙酰胆碱的含量高，可提高记忆力。

◎健脑食谱

桂圆莲子大枣鸡蛋汤

原料：

桂圆肉50克，莲子、大枣各10枚，鸡蛋2个，砂糖少量。

做法：

1. 桂圆肉、莲子、大枣分别洗净，鸡蛋煮熟去壳。
2. 桂圆肉、莲子、大枣同入锅，加适量清水小火煮熟。
3. 将鸡蛋放入锅中小火煮熟，加砂糖即可。

营养解读：

能补充智力发育所需的多种营养物质，增强记忆力。

◇桂圆莲子大枣鸡蛋汤

猪心百合汤

原料：

猪心1个，干百合30克。

做法：

1. 猪心洗净，百合洗净。
2. 二物同入锅，加清水大火煮沸后改小火煲煮1小时即可。

营养解读：

益智补脑，安神定惊。

天麻猪脑粥

原料：

猪脑1个，天麻10克，大米200克。

做法：

1. 猪脑去筋膜洗净，天麻洗净切薄片，大米洗净。
2. 加水放入所有材料煮至粥成。

营养解读：

有助于增强记忆力。

肉末鸡蛋炒豆角

原料：

猪肉100克，鸡蛋2个，豆角200克，盐少量。

做法：

1. 豆角去头尾，切粒；鸡蛋下锅炒熟，切碎；猪肉切细粒。
2. 烧锅下油，加入猪肉粒翻炒片刻，盛起。再下油，放入豆角粒炒至熟，然后加入鸡蛋、盐调味即可。

营养解读：

富含蛋白质、维生素、卵磷脂等，有利于宝宝智力发育。

◇肉末鸡蛋炒豆角

咸蛋蒸肉饼

原料：

猪肉200克，咸蛋黄2个，盐、砂糖、生粉各适量。

做法：

1. 猪肉剁碎，加适量盐、砂糖、生粉拌匀；咸蛋黄切碎，加入拌好的猪肉中。
2. 将猪肉均匀铺在碟上，入锅蒸约15分钟即可。

营养解读：

富含大脑发育所需的营养素，有助于增强免疫力，促进宝宝身心发展。

◇咸蛋蒸肉饼

黑豆浮小麦汤

原料：

黑豆、浮小麦各60克，莲子、黑枣各10颗，冰糖少量。

做法：

1. 全部洗净，莲子去心，黑枣去核。
2. 黑豆、浮小麦同入锅，加适量清水大火煮沸后改小火熬煮，去渣取汁。
3. 莲子、黑枣放入药汁中，小火煮熟后加冰糖调味即可。

营养解读：

养心安神，适合睡眠不足的宝宝食用。

五、乌发

◎乌发食物

中医认为“发为血之余”。头发的色泽、脱落均与血气有密切关系。注意饮食，对头发的黑亮健康十分重要。以下一些食物对乌黑头发有较好的效果。

- 富含蛋白质、碘的食物。此类代表食物有海藻类、肉类、蛋类、奶类等。
- 富含维生素A的食物，如白菜、胡萝卜、韭菜、芹菜等新鲜蔬菜以及蛋黄、鱼肉、动物肝脏等。
- 少食辛辣油腻的食物，如辣椒、肥肉等。

◎乌发食谱

黑豆花生糯米粥

原料：

枸杞子30克，糯米50克，黑豆30克，花生仁（连衣）30克。

做法：

将全部材料洗净同入锅，加清水适量大火煮沸后改小火煲煮，粥熟即可。

营养解读：

补肾益气，有助于头发乌黑亮泽。

木耳炒猪肝

原料：

猪肝200克，黑木耳30克，葱粒、姜丝各少量。

做法：

1. 黑木耳泡发；猪肝去筋膜，切片。
2. 烧热油锅，下姜丝、猪肝、黑木耳翻炒，至猪肝熟后撒上葱粒即可。

营养解读：

补气益血，滋养内脏。

◇木耳炒猪肝

木耳素菜

原料：

鹌鹑蛋8～10个，黑木耳、银耳、荷兰豆、玉米笋各50克，蚝油、盐各少量。

做法：

1. 鹌鹑蛋煮熟去壳，对半切开；银耳、黑木耳泡发撕小朵。
2. 烧热油锅，下黑木耳、银耳、荷兰豆、玉米笋翻炒片刻，加清水少量焖煮至熟，加鹌鹑蛋、蚝油、盐翻炒数下即可。

营养解读：

色彩缤纷，富含维生素与蛋白质，可补充多种营养。

芝麻猪蹄汤

原料：

猪蹄1只，黑芝麻50克，盐少量。

做法：

1. 黑芝麻略炒，猪蹄去毛后斩小块汆水。
2. 往沙锅内注入适量清水，放入全部材料，猛火煮沸后转小火煲至猪蹄肉快离骨，食用前加入少量盐调味即可。

营养解读：

猪蹄补血、健腰脚，黑芝麻补肝肾、润肠燥、乌发。

木耳素菜

六、健脾胃

◎健脾胃食物

中医认为，脾胃虚弱常因饮食失调、过食生冷、体弱疲劳所致，常见症状为消化不良、食欲不振、大便稀溏等。应养成良好的饮食习惯，做到饮食定时、定量，少食刺激性食物，多食温性食物。

- 具有健运脾胃、消食导滞作用的食物或药材，如山楂、麦芽、神曲、谷芽、鸡内金、大枣、黑豆。
- 具有健脾温胃的食物，如羊肉、兔肉。
- 腹胀者不宜多食豆类、薯类、牛奶等；脾胃虚寒者忌食生冷、油炸、寒凉食物，如绿豆、菠菜、茄子、黑木耳、金针菜、柿子等。

山药莲薏汤

原料：

山药、莲子、薏苡仁各30克。

做法：

1. 莲子水发后去皮去心，山药去皮洗净，薏苡仁洗净。
2. 三物同放入锅内，加水大火煮沸后改小火熬煮。分2餐服用。

营养解读：

健脾益气，适用于体质虚弱、神疲食少。

◎健脾胃食谱

山楂粥

原料：

山楂30～40克（或鲜山楂60克），粳米100克，砂糖10克。

做法：

1. 山楂洗净，入沙锅煎取浓汁，去渣取汁。
2. 山楂汁里加入粳米、砂糖煮粥。可作上下午点心服用，不宜空腹食，以7～10天为一疗程。

营养解读：

健脾胃，消食积，散淤血。适用于食积停滞、肉积不消、腹痛、腹泻、小儿乳食不消等。

山楂粥

萝卜炖猪排骨

原料：

萝卜500克，猪排骨250克，盐、葱各少量。

做法：

1. 猪排骨洗净，剁成3厘米大小；萝卜洗净后切片。

2. 将猪排骨炖至肉脱骨时，再加入萝卜、葱炖熟后撇去汤面浮沫，加入少量盐调味即可。

营养解读：

消食健胃、理气化痰，用于脾失健运挟食、挟痰的厌食症。萝卜味甘性凉，宽中下气，消食化痰；猪排骨味甘性平，补虚弱，强筋骨，与萝卜炖服，气香味鲜，是厌食症患儿的辅助食疗菜肴。

萝卜炖猪排骨

西红柿粥

原料：

西红柿2个，大枣（去核）10枚，大米100克。

做法：

1. 大米和大枣洗净后加水煮粥，西红柿洗净切丁。

2. 粥熟后加入西红柿丁，再煮沸即可。

营养解读：

健脾益气，适用于脾虚气弱的幼儿。

山药小米粥

原料：

山药15克，小米150克，鸡内金9克，砂糖少量。

做法：

1. 将山药、鸡内金研为细末，小米洗净。

2. 细末与小米同入锅加水煮粥，粥成后加少量砂糖调味即可。

营养解读：

健胃助消化，用于脾虚泄泻、消化不良。

附录一　各月龄段饮食参考

＊第1～3个月

母乳喂养： 在宝宝出生的第1个月要按需哺乳，夜间也要哺喂，每天喂奶次数在8次以上。第2个月开始，喂养形成一定规律，每2～3小时1次，可按宝宝实际情况减少夜间喂奶1次。母乳喂养儿不用喂水。

混合喂养： 母乳不足的情况下，可适当添加配方奶粉。

人工喂养： 要按配方奶说明来配制，不要过稀或过浓，并根据宝宝的实际情况调整哺喂量和次数。每3小时1次，每次喂60～150毫升，可逐渐加量。要喂水。

＊第4～6个月

母乳喂养： 每2～3小时喂1次。若产假即将休完，要开始训练宝宝用奶瓶。

混合喂养和人工喂养： 配方奶每3～4小时喂1次，每次120～200毫升。在第4个月时，可上午加1次初期辅食，如蛋黄、米糊、稀释的纯果汁（不是果汁饮料）、菜汁等，逐渐增加到每天2次。

＊ 第7～9个月

母乳喂养： 每3～4小时喂1次。添加蛋黄、米糊、菜粥等辅食。逐渐减少白天喂奶次数至4～5次，时间宜安排在早起、中午、下午下班后、晚上睡觉前。

混合喂养和人工喂养： 配方奶每天3～4次，每次150～250毫升。上午10：00时、下午4：00时、晚上8：00时吃辅食。

＊ 第10～12个月

母乳喂养： 白天以3～4次辅食为主，喂奶次数减至2～3次，时间宜安排在早起、下午下班后、晚上睡觉前。可断奶。

人工喂养： 配方奶每天2～3次，每次150～250毫升。上午10：00时、下午3：00时、晚上吃辅食。

＊ 第13～18个月

以食物为主，早、中、晚共3次正餐，吃饭时间和大人相同，上、下午各加1次零食。奶制品早、晚各1次，每次150～240毫升。

＊ 第19～24个月

早、中、晚共3次正餐，吃饭时间和大人相同，下午加1次零食。
奶制品早、晚各1次，每次150～300毫升。

＊ 第25～36个月

早、中、晚共3次正餐，吃饭时间和大人相同，下午加1次零食。
奶制品早、晚各1次，每次150～300毫升。

附录二 身心发育对照表

* 第1个月

测评项目	合格标准	宝宝表现
身高	52.1～57.0厘米（男） 51.2～55.8厘米（女）	
体重	3.6~5.0千克（男） 3.4～4.5千克（女）	
俯卧抬头片刻	自行抬头，下颌离开床2秒钟	
会发细小喉音	能发出细小柔和的声音	
宝宝清醒时与父母对视	对视可超过3秒钟	
宝宝仰卧，大人用语言、表情逗引，但不要用手碰	有微笑等愉快反应	
听声音用眼睛寻找声源	眼睛向发声处移动	

育儿手札：

* 第2个月

测评项目	合格标准	宝宝表现
身高	55.5~60.7厘米（男） 54.4~59.2厘米（女）	
体重	4.3~6.0千克（男） 4.0~5.4千克（女）	
俯卧抬头	可自行抬头离开床面，面部与床呈45°	
注视自己的手	注视小手5秒钟以上	
把小手放进嘴里	主动吮手指	
用玩具或丰富的表情逗引宝宝发出a、o、e等单个韵母	会发a、o、e等音	
用玩具或语言逗笑宝宝，但不接触其身体	能发出“咯咯”的笑声	
宝宝仰卧，大人站面前，不逗引宝宝，观察其是否有欢快反应	自动微笑、发声或招手蹬脚，表现出快乐的神情	

育儿手札：

＊ 第3个月

测评项目	合格标准	宝宝表现
身高	58.5～63.7厘米（男） 57.1～59.5厘米（女）	
体重	5.0～6.9千克（男） 4.7～6.2千克（女）	
竖抱宝宝，观察其头竖直情况	头能竖直且保持平稳超过10秒钟	
宝宝俯卧，两臂放在头两侧，大人在前方逗引，看其能否俯卧并用前臂撑起	用张开的双手或前臂支持身体，脸向前方	
由仰卧转为侧卧	不需大人帮助，自己能从仰卧转成侧卧	
将拨浪鼓之类的细柄玩具放入宝宝手中	可握住拨浪鼓或玩具30秒钟	
用玩具逗引，看眼是否随玩具移动180°	眼或头随玩具转动180°	
宝宝仰卧，大人与其面对面，用丰富的表情和亲切的语言逗引其发音	能“一问一答”般地与大人“交谈”	
见到妈妈就高兴	见到妈妈会表现出偏爱，如发出声音、急切地看或挥动手脚表示愉快	

育儿手札：

* 第4个月

测评项目	合格标准	宝宝表现
身高	61.0～66.4厘米（男） 59.4～64.5厘米（女）	
体重	5.7～7.6千克（男） 5.3～6.9千克（女）	
宝宝仰卧，用玩具在其一侧逗引，看是否会仰卧变俯卧	能从仰卧翻成侧卧再变为俯卧	
逗宝宝大笑	大笑，笑声响亮	
宝宝独自一人时观察其发音	咿咿呀呀，自言自语	
见到妈妈的乳房或奶瓶，表现出兴奋	两眼盯着看，表情兴奋	
观察宝宝看见妈妈时的反应	伸手要求抱	
观察宝宝看见陌生人的反应	见到陌生人会盯着看、躲避、哭闹等	

育儿手札：

* 第5个月

测评项目	合格标准	宝宝表现
身高	63.2～68.6厘米（男） 61.5～66.7厘米（女）	
体重	6.3～8.2千克（男） 5.8～7.5千克（女）	
扶腋下能站立	能站立2秒钟以上	
宝宝仰卧，逗引其抓住悬吊在胸前的玩具	能主动抓住玩具	
大人先递一块方积木让宝宝抓，再向另外一只手递方积木	能先后用两手拿住两块方积木	
寻找掉落的玩具	玩具落地后，宝宝立即低头寻找	
会模仿大人发出重复音节	模仿大人发出的“ba ba,da da”等重复音节	
抱宝宝照镜子	会对镜里的人笑	

育儿手札：

* 第6个月

测评项目	合格标准	宝宝表现
身高	65.1～70.5厘米（男） 63.3～68.6厘米（女）	
体重	6.9～8.8千克（男） 6.3～8.1千克（女）	
扶宝宝腋下站立	站立5秒钟以上	
让宝宝坐在床上，不扶，给其玩具玩耍	独坐30秒钟以上	
接连递两块积木给宝宝，看是否会换手	宝宝能将第一块积木直接换至另一手拿后，再去拿递来的第二块积木	
大人抱宝宝，说出常见物品名称	宝宝听到物品的名称，会用眼注视或用手指	
观察宝宝对陌生人的反应	开始认陌生人，宝宝有明显的害怕、哭闹等反应	
抱着宝宝到大镜子前，观察其反应	对镜中人有拍打、亲吻等反应	
直接从宝宝手中夺走正在玩的玩具	宝宝会喊叫、不高兴	
观察宝宝对严厉或亲切的语言的理解程度	对亲切的语言表现出高兴，对严厉的语言表现出不高兴	

育儿手札：

* 第7个月

测评项目	合格标准	宝宝表现
身高	66.8～71.9厘米（男） 64.6～70.1厘米（女）	
体重	7.3～9.4千克（男） 6.7～8.6千克（女）	
让宝宝独坐，给其玩具玩耍	独坐10分钟，无需大人帮忙支撑	
让宝宝坐好，将一块小玩具放在其能抓到的地方	能用拇指和其他四指配合抓起小玩具	
当着宝宝的面将玩具藏在毛巾或衣服下面	能找到玩具	
大人对宝宝说“拍拍手”并示范鼓掌	会模仿拍手	
宝宝愉快时，观察其是否会发音“baba、mama”	能发这些音，但无所指	
观察宝宝见到父母或其他熟悉的人时的反应	主动伸手要求抱	

育儿手札：

* 第8个月

测评项目	合格标准	宝宝表现
身高	68.3~73.6厘米（男） 66.4~71.8厘米（女）	
体重	7.8~9.8千克（男） 7.2~9.1千克（女）	
宝宝俯卧，大人在前方用玩具逗引，鼓励其爬行	会以手、腹为支点向前爬或靠肚皮“鳄鱼跳”	
宝宝仰卧，鼓励其坐起再躺下	能自己从仰卧变俯卧，再变成坐位，并会自己躺下	
让宝宝一手拿一个玩具，大人示范对敲	会对敲玩具	
捏黄豆	能用拇指和食指对捏起黄豆	
和宝宝做游戏时，鼓励其模仿大人点头“谢谢”	懂得语意、模仿动作	
在宝宝面前出示两个玩具，故意将其不要的东西给他，观察其反应	会用手推掉，表示自己不要	

育儿手札：

＊ 第9个月

测评项目	合格标准	宝宝表现
身高	69.2～74.5厘米（男） 67.2～72.7厘米（女）	
体重	8.2～10.1千克（男） 7.5～9.4千克（女）	
让宝宝站在地板上，扶住双手鼓励迈步	能在大人的扶助下，迈3步以上	
宝宝坐沙发上，将一玩具放在沙发背上，鼓励其扶着站起来	双手扶着站起，站半分钟	
当着宝宝的面，将一个玩具放在抽屉里，大人示范取出，再鼓励宝宝取出玩具来	能学大人的样，打开抽屉取出玩具	
让宝宝听名称指出相应物品或自己身体的部位	能听名称用手指指出相应物体或部位	
让宝宝模仿“再见”动作	会招手表示“再见”	
宝宝模仿时，大人及时表扬，观察宝宝反应	听到表扬会重复动作	

育儿手札：

* 第10个月

测评项目	合格标准	宝宝表现
身高	71.0～76.3厘米（男） 69.0～74.5厘米（女）	
体重	8.6～10.6千克（男） 7.9～9.9千克（女）	
让宝宝扶着椅子、床沿或小推车，鼓励其迈步	扶椅或推车走几步，能迈3步以上	
扶宝宝站立后松开手	能独站2秒钟以上	
让宝宝将小玩具放进大的盒子里	能将一两件玩具放进容器内	
观察宝宝发“爸爸”“妈妈”音时是否特指自己的父母	“爸爸”“妈妈”是特指称谓	
吩咐宝宝做简单的事，如“坐下”“把玩具给妈妈”	听懂命令并听从大人指令，做相应的事	
宝宝拿玩具时，大人说“不要拿，不要拿”，但不做手势	理解“不”的意思，立刻停止拿玩具的动作	

育儿手札：

* 第11个月

测评项目	合格标准	宝宝表现
身高	71.6～77.1厘米（男） 69.7～75.3厘米（女）	
体重	8.9～10.9千克（男） 8.2～10.3千克（女）	
扶宝宝站稳，在他手中放一个玩具后松手	能自己独自站立10秒钟	
大人给宝宝示范，将硬皮书打开再合上	能模仿动作，将硬皮书打开再合上	
将玩具放在宝宝够不着的地方，再在其身边放一支棍子，看他是否知道用棍子来帮忙够玩具	知道拿棍子来够玩具，不一定可取到玩具	
宝宝安静、愉快时，观察其语言	自言自语，自由发音	
念儿歌，鼓励宝宝随节奏做出点头、拍手、摇身等动作	能随音乐或儿歌的节奏做简单的动作	

育儿手札：

* 第12个月

测评项目	合格标准	宝宝表现
身高	73.4~75.8厘米（男） 71.5~77.1厘米（女）	
体重	9.1~11.3千克（男） 8.5~10.6千克（女）	
让宝宝独站，鼓励其在爸爸和妈妈之间独自走2~3步	独走两三步	
大人示范将瓶盖盖在瓶上，再将瓶盖倒放在桌上，鼓励宝宝盖瓶盖	能将瓶盖拿起，翻正后盖瓶上，不一定能盖紧	
大人问“几岁了”，要求宝宝竖起食指回答	宝宝竖起食指表示“1”岁	
向宝宝要其手中的玩具或食物	宝宝能理解含义，听话递给大人	
观察宝宝表示同意或不同意时的动作	用点头、摇头分别表示同意、不同意	

育儿手札：

* 第13～15个月

测评项目	合格标准	宝宝表现
身高（第15个月）	76.6～82.3厘米（男） 74.8～80.7厘米（女）	
体重（第15个月）	9.8～12.0千克（男） 9.1～11.3千克（女）	
大人示范搭高2块积木，鼓励宝宝模仿	可以堆上2块积木，做3次成功2次即可	
对宝宝念儿歌“小白兔”，鼓励其说出每句最后一个字	能说出儿歌的最后一个字	
示范双手将球举起，过肩向前抛，鼓励宝宝照做	能向一个方向抛球，且手和身体都没有倚靠其他物体	
观察宝宝对烫的东西（如热馒头）不能摸，是否还有记忆	知道烫的东西不能摸	
要宝宝捡起掉了的玩具	能完成指令	

育儿手札：

* 第16～18个月

测评项目	合格标准	宝宝表现
身高（第18个月）	79.4～85.4厘米（男） 77.9～84.0厘米（女）	
体重（第18个月）	10.3～12.7千克（男） 9.7～12.0千克（女）	
出示红、黄、蓝、绿四色图片，要宝宝说出来	能正确指出红色或其他颜色，成功率50%以上即可	
观察宝宝日常语言	能有意识地说出6～8个单字	
让宝宝将小玩具放进大的盒子里	能将一两件玩具放进容器内	
有同情心	观察别的小朋友哭了，宝宝也表示难过	
让宝宝独自在一个房间里活动（大人躲在一旁，暗中保护），观察其表现	会主动翻东西看，表现出好奇心	
大人牵着宝宝的手，带他上台阶	在大人帮助下，两步上一级台阶	
大人问宝宝的姓名	能说出自己的姓名或小名	

育儿手札：

＊ 第19～21个月

测评项目	合格标准	宝宝表现
身高（第21个月）	81.9～88.4厘米（男） 80.6～87.0厘米（女）	
体重（第21个月）	10.8～13.3千克（男） 10.2～12.6千克（女）	
大人站在宝宝对面两个不同方向（90°内），鼓励宝宝分别向大人过肩抛球	宝宝会向着大人朝两个不同方向抛球	
大人示范用笔在纸上画直线，鼓励宝宝模仿	能画出直线	
大人擦桌子时，给宝宝一块抹布，鼓励其参与	有意模仿大人	
将圆形、正方形等画在纸上，让宝宝找出正方形来	能指出正方形或其他一种形状	
堆积木	可搭高6块	

* 第22～24个月

测评项目	合格标准	宝宝表现
身高（第24个月）	84.3～91.0厘米（男） 83.3～89.8厘米（女）	
体重（第24个月）	11.2～14.0千克（男） 10.6～13.2千克（女）	
教宝宝扭动门把手开门	能扭动门把手并开门	
在宝宝面前分别放1个和3个苹果，让宝宝指出“1”和“许多”	会指“1”和“许多”，正确率50%以上	
问宝宝勺子、鞋子等物品的用途	能说出2种以上物品的用途	
大人在宝宝独自玩时悄悄离开，躲起来观察宝宝的反应	熟悉的人离开10分钟左右，宝宝可以自己玩，不哭闹	
听故事	认真听大人讲小故事	
教宝宝数数	能按顺序从1数到5	
大人示范逐页翻书，让宝宝照做	能连续翻书3页以上	

育儿手札：

＊第25～30个月

测评项目	合格标准	宝宝表现
身高（第30个月）	88.9～95.8厘米（男） 87.9～94.7厘米（女）	
体重（第30个月）	12.1～15.3千克（男） 11.7～14.7千克（女）	
在书桌上放一个玩具，书桌旁放一把成人椅，椅子下有一张小凳，鼓励宝宝爬椅上桌够物	宝宝能自己踩着小凳爬上椅子，再上桌子够取玩具，不用大人扶助	
示范画圆，鼓励宝宝画圆	画圆为闭合圆形，两头相交，不能明显成角	
早上问宝宝："现在是早上还是晚上？"晚上问宝宝："现在是晚上还是早上？"将正确答案放在前面，防止宝宝跟学最后两个字	正确区分早晚，成功率大于50%即可	
问宝宝妈妈的名字	能正确答出	
大人示范用筷子夹东西到碗里，要宝宝模仿	能做到	
将宝宝带到离家50~60米处，鼓励宝宝带大人回家	能认得回家的路	
教数数	能从1按顺序数到10	
教宝宝唱简短的儿歌	能完整唱完	

育儿手札：

附录

＊ 第31～36个月

测评项目	合格标准	宝宝表现
身高（第36个月）	91.1～98.7厘米（男） 90.2～98.1厘米（女）	
体重（第36个月）	13.0～16.4千克（男） 12.6～16.1千克（女）	
向宝宝展示不同职业的图片，向宝宝："这是谁？""他是干什么的？"	能正确回答4～5种职业	
大人示范将面团捏成碗、苹果等，鼓励宝宝模仿	能捏成2～3件小物品	
给宝宝讲一个很熟悉的故事，讲完后问一个简单的问题	能准确回答问题	
教宝宝骑儿童自行车	能熟练地骑	
观察宝宝在特定的场合如排队买东西或玩耍需要等待时的表现	学会耐心等待，知道要排队	
与宝宝做"石头剪刀布"的游戏，观察宝宝是否懂输赢	能懂输赢，正确率在80%以上	
教宝宝要有礼貌，如进门问人好以及客人给食品或玩具时要表示感谢等	能基本按照大人的要求做，懂得做客时要有礼貌，行为有分寸	

育儿手札：

附录三　宝宝爱听的儿歌

小白兔

小白兔，白又白，
两只耳朵竖起来。
爱吃萝卜爱吃菜，
蹦蹦跳跳真可爱。

水果歌

黄香蕉，弯弯腰，问声好，有礼貌。
红苹果，溜溜圆，咬一口，脆又甜。
皮儿绿，瓤儿红，大西瓜，圆又圆。
一头小，一头大，大鸭梨，送妈妈。
紫葡萄，亮晶晶，一串串，赛珍珠。
橘子红，像灯笼，酸又甜，好营养。

五官歌

小眼睛，亮晶晶，样样东西看得清。
小鼻子，用处大，闻气味全靠它。
小嘴巴，用处大，吃饭唱歌全靠它。
小耳朵，灵灵灵，样样声音听得清。

圆圆

什么圆圆在天上？
什么圆圆街上卖？
什么圆圆宝宝踢？
什么圆圆在水面？
月亮圆圆在天上，
烧饼圆圆街上卖，
皮球圆圆宝宝踢，
荷叶圆圆在水面。

哪里来

大大的面包哪里来？白白的面粉做出来。
白白的面粉哪里来？黄黄的小麦磨出来。
黄黄的小麦哪里来？农民伯伯种出来。

吃饭

小宝宝，快坐好，妈妈盛饭喂宝宝。
细细嚼，慢慢咽，宝宝吃得直叫好。

吃饭歌

吃饭时坐端正，左手扶着碗，右手拿调羹，一口一口往下咽，
不剩饭菜不挑菜，自己吃饭真能干。

大米饭

大米饭，喷喷香，小宝宝，来吃饭。
吃得饱，长得胖，不把饭粒掉地上。

宝宝吃饭

好宝宝，吃饭了，小饭碗，
手扶好，小勺子，快拿好。
绿青菜，红大虾，啊呜啊呜吃个饱。

不挑食

米饭白白馒头香，窝头圆圆面条长。
萝卜白菜营养好，吃得多来长得壮。
我们吃饭不挑食，爸爸妈妈都表扬。

小板凳

小板凳，真听话，和我一起等妈妈。
妈妈下班回到家，我请妈妈快坐下。